Guida completa al server VPN: Crea la tua VPN nel cloud

ISBN 979-8991776264

Sommario

1 Introduzione

1.1 Perché creare la tua VPN

Nell'era digitale odierna, la privacy e la sicurezza online sono diventate sempre più importanti. Hacker e altri malintenzionati sono costantemente alla ricerca di modi per rubare informazioni personali e dati sensibili, rendendo essenziale adottare le misure necessarie per salvaguardare le nostre attività online.

Un modo per migliorare la privacy e la sicurezza online è creare una rete privata virtuale (VPN), che può offrire una serie di vantaggi:

1. Maggiore privacy: creando la tua VPN, puoi assicurarti che il tuo traffico Internet sia crittografato e nascosto da occhi indiscreti, come il tuo provider di servizi Internet. Utilizzare una VPN può essere particolarmente utile quando si utilizzano reti Wi-Fi non protette, come quelle presenti in bar, aeroporti o camere d'albergo. Può aiutare a proteggere le tue attività online e i tuoi dati personali da tracciamenti, monitoraggi o intercettazioni.

2. Maggiore sicurezza: i servizi VPN pubblici possono essere vulnerabili ad attacchi informatici e violazioni dei dati, che possono esporre le tue informazioni personali ai criminali informatici. Creando la tua VPN, puoi avere un maggiore controllo sulla sicurezza della tua connessione e sui dati trasmessi tramite essa.

3. Convenienza: sebbene siano disponibili molti servizi VPN pubblici, la maggior parte richiede un abbonamento. Creando la tua VPN, puoi evitare questi costi e avere un maggiore controllo sull'utilizzo della tua VPN.

4. Accesso a contenuti con restrizioni geografiche: alcuni siti web e servizi online potrebbero essere limitati in determinate regioni, ma connettendoti a un server VPN situato in un'altra regione, potresti essere in grado di accedere a contenuti che altrimenti non sarebbero disponibili per te.

5. Flessibilità e personalizzazione: creare la tua VPN ti consente di personalizzare la tua esperienza VPN in base alle tue esigenze specifiche. Puoi scegliere il livello di crittografia che vuoi utilizzare, la posizione del server e il protocollo di rete come TCP o UDP. Questa flessibilità può aiutarti a ottimizzare la tua VPN per attività specifiche come giochi, streaming o download, offrendoti un'esperienza fluida e sicura.

Nel complesso, creare la tua VPN può essere un modo efficace per migliorare la privacy e la sicurezza online, offrendo al contempo flessibilità e convenienza. Con le giuste risorse e la giusta guida, può essere un investimento prezioso per la tua sicurezza online.

1.2 Informazioni su questo libro

Questo libro è una guida completa per creare il tuo server IPsec VPN, OpenVPN e WireGuard. I capitoli da 2 a 10 riguardano l'installazione di IPsec VPN, la configurazione e la gestione del client, l'uso avanzato, la risoluzione dei problemi e altro. I capitoli 11 e 12 riguardano IPsec VPN su Docker e l'uso avanzato. I capitoli da 13 a 15 riguardano l'installazione di OpenVPN, la configurazione e la gestione del client. I capitoli da 16 a 18 riguardano l'installazione di WireGuard VPN, la configurazione e la gestione del client.

IPsec VPN, OpenVPN e WireGuard sono protocolli VPN popolari e ampiamente utilizzati. Internet Protocol Security (IPsec) è una suite di protocolli di rete sicuri. OpenVPN è un protocollo VPN open source, robusto e altamente flessibile. WireGuard è una VPN veloce e moderna progettata con gli obiettivi di facilità d'uso e alte prestazioni.

1.3 Per iniziare

1.3.1 Creare un server cloud

Come primo passo, avrai bisogno di un server cloud o di un server virtuale privato (VPS) per creare la tua VPN. Ecco alcuni provider di server popolari come riferimento:

- DigitalOcean (https://www.digitalocean.com)

- Vultr (https://www.vultr.com)
- Linode (https://www.linode.com)
- OVH (https://www.ovhcloud.com/en/vps/)
- Hetzner (https://www.hetzner.com)
- Amazon EC2 (https://aws.amazon.com/ec2/)
- Google Cloud (https://cloud.google.com)
- Microsoft Azure (https://azure.microsoft.com)

Per prima cosa, scegli un provider di server. Quindi fai riferimento ai link del tutorial (in inglese) o ai passaggi di esempio per DigitalOcean qui sotto per iniziare. Per creare il proprio server è bene utilizzare l'ultima versione di Ubuntu Linux LTS o Debian Linux (Ubuntu 24.04 o Debian 12 al momento della scrittura) come sistema operativo, con 1 GB o più di memoria.

- How to set up a server on DigitalOcean
  https://www.digitalocean.com/community/tutorials/how-to-set-up-an-ubuntu-20-04-server-on-a-digitalocean-droplet
- How to create a server on Vultr
  https://serverpilot.io/docs/how-to-create-a-server-on-vultr/
- Getting started on the Linode platform
  https://www.linode.com/docs/guides/getting-started/
- Getting started with an OVH VPS
  https://docs.ovh.com/us/en/vps/getting-started-vps/
- Create a server on Hetzner
  https://docs.hetzner.com/cloud/servers/getting-started/creating-a-server/
- Get started with Amazon EC2 Linux instances
  https://docs.aws.amazon.com/AWSEC2/latest/UserGuide/index.html
- Create a Linux VM in Google Compute Engine
  https://cloud.google.com/compute/docs/create-linux-vm-instance
- Create a Linux VM in the Azure portal
  https://learn.microsoft.com/en-us/azure/virtual-machines/linux/quick-create-portal

Esempi di passaggi per creare un server su DigitalOcean:

1. Registrati per creare un account DigitalOcean: vai al sito web DigitalOcean (https://www.digitalocean.com) e registrati per creare un account se non l'hai già fatto.

2. Dopo aver effettuato l'accesso alla dashboard DigitalOcean, fai clic sul pulsante "Create" nell'angolo in alto a destra dello schermo e seleziona "Droplets" dal menu a discesa.

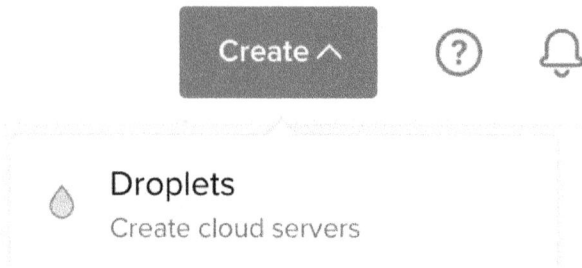

3. Seleziona una regione del data center in base alle tue esigenze, ad esempio quella più vicina alla tua posizione.

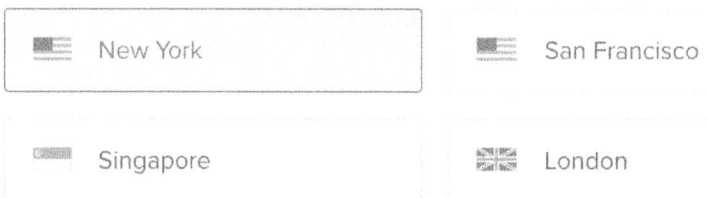

Datacenter

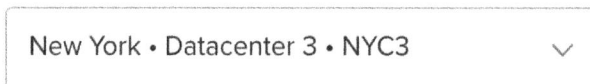

4. In "Choose an image", seleziona l'ultima versione di Ubuntu Linux LTS (ad esempio Ubuntu 24.04) dall'elenco delle immagini disponibili.

Version

4

5. Scegli un piano per il tuo server. Puoi selezionare tra varie opzioni in base alle tue esigenze. Per una VPN personale, un piano CPU condiviso di base con disco SSD normale e 1 GB di memoria è probabilmente sufficiente.

Droplet Type

SHARED CPU

| Basic (Plan selected) | General Purpose | CPU-Optir |

CPU options

| ● Regular   Disk type: SSD | Premium Intel   Disk: NVMe SSD |

| $ **6**/mo $0.009/hour | $ **12**/mo $0.018/hour | $ **18**/mo $0.027/hour |

←

| 1 GB / 1 CPU   25 GB SSD Disk   1000 GB transfer | 2 GB / 1 CPU   50 GB SSD Disk   2 TB transfer | 2 GB / 2 CPUs   60 GB SSD Disk   3 TB transfer |

6. Seleziona "Password" come metodo di autenticazione, quindi inserisci una password di root forte e sicura. Per la sicurezza del tuo server, è fondamentale scegliere una password di root forte e sicura. In alternativa, puoi utilizzare le chiavi SSH per l'autenticazione.

| SSH Key   Connect to your Droplet with an SSH key pair | ● Password   Connect to password |

Create root password *

••••••••••••••••••   👁

7. Seleziona eventuali opzioni aggiuntive come backup e IPv6, se lo desideri.

— Advanced Options

☑ Enable IPv6 (free)
Enables public IPv6 networking

8. Inserisci un nome host per il tuo server e fai clic su "Create Droplet".

Hostname
Give your Droplets an identifying name

ubuntu

Create Droplet

9. Attendi qualche minuto affinché il server venga creato.

Una volta che il server è pronto, puoi connetterti ad esso utilizzando il nome utente root e la password inserita durante la creazione del server.

1.3.2 Connessione al server

Dopo aver creato il tuo server cloud, puoi accedervi tramite SSH. Puoi usare il terminale sul tuo computer locale o uno strumento come Git per Windows per connetterti al tuo server tramite il suo indirizzo IP e le tue credenziali di accesso root.

Per connetterti al tuo server tramite SSH da Windows, macOS o Linux, segui i passaggi sottostanti:

1. Apri il terminale sul tuo computer. Su Windows, puoi usare un emulatore di terminale come Git per Windows.

Git per Windows: https://git-scm.com/downloads
Scarica la versione portatile, quindi fai doppio clic per installare. Al termine, apri la cartella `PortableGit` e fai doppio clic per eseguire `git-bash.exe`.

2. Digita il seguente comando, sostituendo `username` con il tuo nome utente (ad esempio `root`) e `server-ip` con l'indirizzo IP o il nome host del tuo server:

   `ssh username@server-ip`

3. Se è la prima volta che ti connetti al server, potrebbe esserti richiesto di accettare l'impronta digitale della chiave SSH del server. Digita "yes" e premi Invio per continuare.

4. Se stai utilizzando una password per effettuare l'accesso, ti verrà chiesto di inserire la tua password. Digita la tua password e premi Invio.

5. Una volta autenticato, accederai al server tramite SSH. Ora puoi eseguire comandi sul server tramite il terminale.

6. Per disconnettersi dal server una volta terminato, digita semplicemente il comando `exit` e premi Invio.

Ora sei pronto per creare la tua VPN!

2 Crea il tuo server VPN IPsec

Visualizza questo progetto sul web: https://github.com/hwdsl2/setup-ipsec-vpn

Configura il tuo server VPN IPsec in pochi minuti, con IPsec/L2TP, Cisco IPsec e IKEv2.

Una VPN IPsec crittografa il traffico di rete, in modo che nessuno tra te e il server VPN possa intercettare i tuoi dati mentre viaggiano su Internet. Ciò è particolarmente utile quando si utilizzano reti non protette, ad esempio in caffetterie, aeroporti o camere d'albergo.

Utilizzeremo Libreswan (https://libreswan.org) come server IPsec e xl2tpd (https://github.com/xelerance/xl2tpd) come provider L2TP.

2.1 Caratteristiche

- Configurazione del server VPN IPsec completamente automatizzata, senza alcun input da parte dell'utente
- Supporta IKEv2 con cifrature forti e veloci (ad esempio AES-GCM)
- Genera profili VPN per configurare automaticamente i dispositivi iOS, macOS e Android
- Supporta Windows, macOS, iOS, Android, Chrome OS e Linux come client VPN
- Include script di supporto per gestire gli utenti e i certificati VPN

2.2 Avvio rapido

Per prima cosa, prepara il tuo server Linux* con un'installazione di Ubuntu, Debian o CentOS. Quindi usa questa riga per configurare un server VPN IPsec:

```
wget https://get.vpnsetup.net -O vpn.sh && sudo sh vpn.sh
```

* Un server cloud, un server privato virtuale (VPS) o un server dedicato.

I tuoi dati di accesso alla VPN verranno generati casualmente e visualizzati al termine dell'operazione.

Per i server con un firewall esterno (ad esempio Amazon EC2), apri le porte UDP 500 e 4500 per la VPN.

Esempio di output:

```
$ sudo sh vpn.sh

... ... (output omesso)
==================================================


IPsec VPN server is now ready for use!

Connect to your new VPN with these details:

Server IP: 192.0.2.1
IPsec PSK: [il tuo PSK IPsec]
Username: vpnuser
Password: [la tua password VPN]


Write these down. You'll need them to connect!

VPN client setup: https://vpnsetup.net/clients


==================================================

==================================================


IKEv2 setup successful. Details for IKEv2 mode:


VPN server address: 192.0.2.1
VPN client name: vpnclient


Client configuration is available at:
/root/vpnclient.p12 (for Windows & Linux)
/root/vpnclient.sswan (for Android)
/root/vpnclient.mobileconfig (for iOS & macOS)
```

```
Next steps: Configure IKEv2 clients. See:
https://vpnsetup.net/clients
```

==

Facoltativo: installa WireGuard e/o OpenVPN sullo stesso server. Consulta i capitoli 13 e 16 per maggiori dettagli.

Passaggi successivi: fai in modo che il tuo computer o dispositivo utilizzi la VPN. Consulta:

3.2 Configurare i client VPN IKEv2 (consigliato)
5 Configurare i client VPN IPsec/L2TP
6 Configurare i client VPN IPsec/XAuth ("Cisco IPsec")

Per altre opzioni di installazione, consulta le sezioni seguenti.

▼ Se non riesci a scaricare, segui i passaggi indicati di seguito.

Puoi anche usare `curl` per scaricare:

```
curl -fsSL https://get.vpnsetup.net -o vpn.sh && sudo sh vpn.sh
```

URL di download alternativi:

```
https://github.com/hwdsl2/setup-ipsec-vpn/raw/master/vpnsetup.sh
https://gitlab.com/hwdsl2/setup-ipsec-vpn/-/raw/master/vpnsetup.sh
```

2.3 Requisiti

Un server cloud, un server privato virtuale (VPS) o un server dedicato, con un'installazione di:

- Ubuntu Linux LTS
- Debian Linux
- CentOS Stream
- Rocky Linux o AlmaLinux
- Oracle Linux
- Amazon Linux 2

▼ Altre distribuzioni Linux supportate:

- Raspberry Pi OS (Raspbian)
- Kali Linux
- Alpine Linux
- Red Hat Enterprise Linux (RHEL)

Ciò include anche le VM Linux nei cloud pubblici, come DigitalOcean, Vultr, Linode, OVH e Microsoft Azure. Per i server con un firewall esterno (ad esempio EC2/GCE), apri le porte UDP 500 e 4500 per la VPN.

Distribuzione rapida su Linode:
https://cloud.linode.com/stackscripts/37239

È disponibile anche un'immagine Docker predefinita, per maggiori dettagli consulta il capitolo 11.

Gli utenti avanzati possono configurare il server VPN su un Raspberry Pi (https://raspberrypi.com). Per prima cosa accedi al tuo Raspberry Pi e apri il Terminale, quindi segui le istruzioni riportate in questo capitolo per installare IPsec VPN. Prima di connetterti, potresti dover inoltrare le porte UDP 500 e 4500 del tuo router all'IP locale del Raspberry Pi. Fai riferimento a questi tutorial:
https://stewright.me/2018/07/create-a-raspberry-pi-vpn-server-using-l2tpipsec/
https://elasticbyte.net/posts/setting-up-a-native-cisco-ipsec-vpn-server-using-a-raspberry-pi/

Attenzione: NON eseguire questi script sul tuo PC o Mac! Dovrebbero essere utilizzati solo su un server!

2.4 Installazione

Per prima cosa, aggiorna il tuo server con `sudo apt-get update && sudo apt-get dist-upgrade` (Ubuntu/Debian) o `sudo yum update` e riavvia. Questo passaggio è facoltativo, ma consigliato.

Per installare la VPN, seleziona una delle seguenti opzioni:

Opzione 1: fai in modo che lo script generi credenziali VPN casuali per te (verranno visualizzate al termine).

```
wget https://get.vpnsetup.net -O vpn.sh && sudo sh vpn.sh
```

Opzione 2: modifica lo script e fornisci le tue credenziali VPN.

```
wget https://get.vpnsetup.net -O vpn.sh
nano -w vpn.sh
# [Sostituisci con i tuoi valori: YOUR_IPSEC_PSK,
# YOUR_USERNAME e YOUR_PASSWORD]
sudo sh vpn.sh
```

Nota: una PSK IPsec sicura deve essere composta da almeno 20 caratteri casuali.

Opzione 3: definisci le tue credenziali VPN come variabili di ambiente.

```
# Tutti i valori DEVONO essere inseriti tra 'virgolette singole'
# NON usare questi caratteri speciali nei valori: \ " '
wget https://get.vpnsetup.net -O vpn.sh
sudo VPN_IPSEC_PSK='your_ipsec_pre_shared_key' \
VPN_USER='your_vpn_username' \
VPN_PASSWORD='your_vpn_password' \
sh vpn.sh
```

Facoltativamente, puoi installare WireGuard e/o OpenVPN sullo stesso server. Per maggiori dettagli, vedi i capitoli 13 e 16. Se il tuo server esegue CentOS Stream, Rocky Linux o AlmaLinux, installa prima OpenVPN/WireGuard, quindi installa IPsec VPN.

▼ Se non riesci a scaricare, segui i passaggi indicati di seguito.

Puoi anche usare `curl` per scaricare. Per esempio:

```
curl -fL https://get.vpnsetup.net -o vpn.sh && sudo sh vpn.sh
```

URL di download alternativi:

```
https://github.com/hwdsl2/setup-ipsec-vpn/raw/master/vpnsetup.sh
https://gitlab.com/hwdsl2/setup-ipsec-vpn/-/raw/master/vpnsetup.sh
```

2.5 Prossimi passi

Fai in modo che il tuo computer o dispositivo utilizzi la VPN. Consulta:

3.2 Configurare i client VPN IKEv2 (consigliato)
5 Configurare i client VPN IPsec/L2TP
6 Configurare i client VPN IPsec/XAuth ("Cisco IPsec")

Goditi la tua VPN personale!

2.6 Note importanti

Utenti Windows: per la modalità IPsec/L2TP, è richiesta una modifica del registro una tantum se il server o il client VPN si trova dietro NAT (ad esempio il router domestico). Consulta il capitolo 7, IPsec VPN: risoluzione dei problemi, sezione 7.3.1.

Lo stesso account VPN può essere utilizzato da più dispositivi. Tuttavia, a causa di una limitazione IPsec/L2TP, se vuoi connettere più dispositivi da dietro lo stesso NAT (ad esempio, router di casa), è necessario utilizzare la modalità IKEv2 o IPsec/XAuth. Per visualizzare o aggiornare gli account utente VPN, consulta il capitolo 9, IPsec VPN: gestisci utenti VPN.

Per i server con un firewall esterno (ad esempio EC2/GCE), apri le porte UDP 500 e 4500 per la VPN.

I client sono impostati per usare Google Public DNS quando la VPN è attiva. Se preferisci un altro provider DNS, consulta il capitolo 8, IPsec VPN: utilizzo avanzato.

L'utilizzo del supporto kernel potrebbe migliorare le prestazioni IPsec/L2TP. È disponibile su tutti i sistemi operativi supportati. Gli utenti Ubuntu dovrebbero installare il pacchetto `linux-modules-extra-$(uname -r)` ed eseguire `service xl2tpd restart`.

Gli script eseguiranno il backup dei file di configurazione esistenti prima di apportare modifiche, con suffisso `.old-date-time`.

2.7 Aggiorna Libreswan

Utilizza questa riga per aggiornare Libreswan (https://libreswan.org) sul tuo server VPN. Controlla la versione installata: `ipsec --version`.

```
wget https://get.vpnsetup.net/upg -O vpnup.sh && sudo sh vpnup.sh
```

Registro delle modifiche:
https://github.com/libreswan/libreswan/blob/main/CHANGES
Annuncia: https://lists.libreswan.org

▼ Se non riesci a scaricare, segui i passaggi indicati di seguito.

Puoi anche usare `curl` per scaricare:

```
curl -fsSL https://get.vpnsetup.net/upg -o vpnup.sh
sudo sh vpnup.sh
```

URL di download alternativi:

```
https://github.com/hwdsl2/setup-ipsec-
vpn/raw/master/extras/vpnupgrade.sh
https://gitlab.com/hwdsl2/setup-ipsec-
vpn/-/raw/master/extras/vpnupgrade.sh
```

Nota: `xl2tpd` può essere aggiornato utilizzando il gestore pacchetti del sistema, ad esempio `apt-get` su Ubuntu/Debian.

2.8 Personalizza le opzioni VPN

2.8.1 Utilizza server DNS alternativi

Per impostazione predefinita, i client sono impostati per utilizzare Google Public DNS quando la VPN è attiva. Quando installi la VPN, puoi facoltativamente specificare server DNS personalizzati per tutte le modalità VPN. Esempio:

```
sudo VPN_DNS_SRV1=1.1.1.1 VPN_DNS_SRV2=1.0.0.1 sh vpn.sh
```

Utilizzare `VPN_DNS_SRV1` per specificare il server DNS primario e `VPN_DNS_SRV2` per specificare il server DNS secondario (facoltativo).

Di seguito è riportato un elenco di alcuni dei provider DNS pubblici più diffusi, a cui puoi fare riferimento.

Provider	DNS primario	DNS secondario	Note
Google Public DNS	8.8.8.8	8.8.4.4	Predefinito
Cloudflare DNS	1.1.1.1	1.0.0.1	Vedi link sotto
Quad9	9.9.9.9	149.112.112.112	Blocca i domini dannosi
OpenDNS	208.67.222.222	208.67.220.220	Blocca i domini di phishing
CleanBrowsing	185.228.168.9	185.228.169.9	Filtri di dominio disponibili
NextDNS	Vari	Vari	Blocco annunci
Control D	Vari	Vari	Blocco annunci

Per saperne di più, visita i seguenti siti web:

Google Public DNS: https://developers.google.com/speed/public-dns
Cloudflare DNS: https://1.1.1.1/dns/
Cloudflare per le famiglie: https://1.1.1.1/family/
Quad9: https://www.quad9.net
OpenDNS: https://www.opendns.com/home-internet-security/
CleanBrowsing: https://cleanbrowsing.org/filters/
NextDNS: https://nextdns.io
Control D: https://controld.com/free-dns

Se è necessario modificare i server DNS dopo la configurazione della VPN, consulta il capitolo 8, VPN IPsec: utilizzo avanzato.

Nota: se IKEv2 è già impostato sul server, le variabili sopra non hanno alcun effetto per la modalità IKEv2. In tal caso, per personalizzare le opzioni IKEv2 come i server DNS, puoi prima rimuovere IKEv2 (vedi sezione 3.8), quindi impostarlo di nuovo usando `sudo ikev2.sh`.

2.8.2 Personalizza le opzioni IKEv2

Durante l'installazione della VPN, gli utenti avanzati possono personalizzare in modo facoltativo le opzioni IKEv2.

Opzione 1: salta IKEv2 durante la configurazione della VPN, quindi configura IKEv2 utilizzando opzioni personalizzate.

Durante l'installazione della VPN, è possibile saltare IKEv2 e installare solo le modalità IPsec/L2TP e IPsec/XAuth ("Cisco IPsec"):

```
sudo VPN_SKIP_IKEV2=yes sh vpn.sh
```

(Facoltativo) Se vuoi specificare server DNS personalizzati per i client VPN, definisci `VPN_DNS_SRV1` e facoltativamente `VPN_DNS_SRV2`. Consulta la sezione precedente.

Successivamente, esegui lo script di supporto IKEv2 per configurare IKEv2 in modo interattivo utilizzando opzioni personalizzate:

```
sudo ikev2.sh
```

Puoi personalizzare le seguenti opzioni: nome DNS del server VPN, nome e periodo di validità del primo client, server DNS per i client VPN e se proteggere con password i file di configurazione del client.

Nota: la variabile `VPN_SKIP_IKEV2` non ha effetto se IKEv2 è già impostato sul server. In tal caso, per personalizzare le opzioni IKEv2, puoi prima rimuovere IKEv2 (vedi sezione 3.8), quindi impostarlo di nuovo usando `sudo ikev2.sh`.

Passaggi di esempio (sostituire con i propri valori):

Nota: queste opzioni potrebbero cambiare nelle versioni più recenti dello script. Leggi attentamente prima di selezionare l'opzione desiderata.

```
$ sudo VPN_SKIP_IKEV2=yes sh vpn.sh
... ... (output omesso)
```

16

```
$ sudo ikev2.sh
```

Welcome! Use this script to set up IKEv2 on your VPN server.

I need to ask you a few questions before starting setup. You can use the default options and just press enter if you are OK with them.

Inserisci il nome DNS del server VPN:

Do you want IKEv2 clients to connect to this server using a DNS name, e.g. vpn.example.com, instead of its IP address? [y/N] y

Enter the DNS name of this VPN server: vpn.example.com

Inserisci il nome e il periodo di validità del primo client:

Provide a name for the IKEv2 client.
Use one word only, no special characters except '-' and '_'.
Client name: [vpnclient]

Specify the validity period (in months) for this client certificate.
Enter an integer between 1 and 120: [120]

Specificare server DNS personalizzati:

By default, clients are set to use Google Public DNS when the VPN is active.
Do you want to specify custom DNS servers for IKEv2? [y/N] y

Enter primary DNS server: 1.1.1.1
Enter secondary DNS server (Enter to skip): 1.0.0.1

Selezionare se proteggere con password i file di configurazione del client:

IKEv2 client config files contain the client certificate, private key and CA certificate. This script can optionally generate a random password to protect these files.

```
Protect client config files using a password? [y/N]
```

Rivedere e confermare le opzioni di installazione:

```
We are ready to set up IKEv2 now.
Below are the setup options you selected.


==================================


Server address: vpn.example.com
Client name: vpnclient

Client cert valid for: 120 months
MOBIKE support: Not available
Protect client config: No
DNS server(s): 1.1.1.1 1.0.0.1


==================================


Do you want to continue? [Y/n]
```

Opzione 2: personalizzare le opzioni IKEv2 utilizzando le variabili di ambiente.

Quando installi la VPN, puoi facoltativamente specificare un nome DNS per l'indirizzo del server IKEv2. Il nome DNS deve essere un nome di dominio completamente qualificato (FQDN). Esempio:

```
sudo VPN_DNS_NAME='vpn.example.com' sh vpn.sh
```

Allo stesso modo, puoi specificare un nome per il primo client IKEv2. Il valore predefinito è vpnclient se non specificato.

```
sudo VPN_CLIENT_NAME='your_client_name' sh vpn.sh
```

Per impostazione predefinita, i client sono impostati per utilizzare Google Public DNS quando la VPN è attiva. Puoi specificare server DNS personalizzati per tutte le modalità VPN. Esempio:

```
sudo VPN_DNS_SRV1=1.1.1.1 VPN_DNS_SRV2=1.0.0.1 sh vpn.sh
```

Di default, non è richiesta alcuna password quando si importa la configurazione client IKEv2. Puoi scegliere di proteggere i file di configurazione client utilizzando una password casuale.

```
sudo VPN_PROTECT_CONFIG=yes sh vpn.sh
```

▼ Per riferimento: elenco dei parametri IKEv1 e IKEv2.

Elenco dei parametri IKEv1 con valori predefiniti:

Parametro IKEv1*	Valore predefinito	Personalizza (var. ambiente)**
Indirizzo server (nome DNS)	-	No, ma connessione possibile tramite nome DNS
Indirizzo server (IP pubblico)	Rilevamento automatico	VPN_PUBLIC_IP
Chiave precondivisa IPsec	Generazione automatica	VPN_IPSEC_PSK
Nome utente VPN	vpnuser	VPN_USER
Password VPN	Generazione automatica	VPN_PASSWORD
Server DNS per i client	Google Public DNS	VPN_DNS_SRV1, VPN_DNS_SRV2
Salta la configurazione IKEv2	no	VPN_SKIP_IKEV2=yes

* Questi parametri IKEv1 sono per le modalità IPsec/L2TP e IPsec/XAuth ("Cisco IPsec").

** Definirli come variabili d'ambiente quando si esegue vpn(setup).sh.

Elenco dei parametri IKEv2 con valori predefiniti:

Parametro IKEv2*	Valore predefinito
Indirizzo server (nome DNS)	-
Indirizzo server (IP pubblico)	Rilevamento automatico

Parametro IKEv2*	Valore predefinito
Nome del primo client	vpnclient
Server DNS per i client	Google Public DNS
Proteggi i file di configurazione del client	no
Abilita/Disabilita MOBIKE	Abilita se supportato
Validità certificato client****	10 anni (120 mesi)
Validità del certificato CA e server	10 anni (120 mesi)
Nome certificato CA	IKEv2 VPN CA
Dimensione chiave del certificato	3072 bits

Parametro IKEv2*	Personalizza (var. ambiente)**	Personalizza (interattivo)***
Indirizzo server (nome DNS)	VPN_DNS_NAME	✔
Indirizzo server (IP pubblico)	VPN_PUBLIC_IP	✔
Nome del primo client	VPN_CLIENT_NAME	✔
Server DNS per i client	VPN_DNS_SRV1, VPN_DNS_SRV2	✔
Proteggi i file di configurazione del client	VPN_PROTECT_CONFIG=yes	✔
Abilita/Disabilita MOBIKE	✘	✔
Validità certificato client****	VPN_CLIENT_VALIDITY	✔
Validità del certificato CA e server	✘	✘
Nome certificato CA	✘	✘

Parametro IKEv2*	Personalizza (var. ambiente)**	Personalizza (interattivo)***
Dimensione chiave del certificato	✗	✗

* Questi parametri IKEv2 sono per la modalità IKEv2.

** Definirli come variabili di ambiente quando si esegue vpn(setup).sh o quando si imposta IKEv2 in modalità automatica (`sudo ikev2.sh --auto`).

*** Può essere personalizzato durante la configurazione interattiva di IKEv2 (`sudo ikev2.sh`). Fare riferimento all'opzione 1 sopra.

**** Usa `VPN_CLIENT_VALIDITY` per specificare il periodo di validità del certificato client in mesi. Deve essere un numero intero compreso tra 1 e 120.

Oltre a questi parametri, gli utenti avanzati possono anche personalizzare le subnet VPN durante la configurazione VPN. Consulta capitolo 8, IPsec VPN: utilizzo avanzato, sezione 8.5.

2.9 Disinstalla la VPN

Per disinstallare IPsec VPN, esegui lo script di supporto:

Attenzione: questo script di supporto rimuoverà IPsec VPN dal tuo server. Tutte le configurazioni VPN saranno **eliminate definitivamente** e Libreswan e xl2tpd saranno rimossi. Questo processo **non può essere annullato**!

```
wget https://get.vpnsetup.net/unst -O unst.sh && sudo bash unst.sh
```

▼ Se non riesci a scaricare, segui i passaggi indicati di seguito.

Puoi anche usare `curl` per scaricare:

```
curl -fsSL https://get.vpnsetup.net/unst -o unst.sh
sudo bash unst.sh
```

URL di download alternativi:

```
https://github.com/hwdsl2/setup-ipsec-
vpn/raw/master/extras/vpnuninstall.sh
```

```
https://gitlab.com/hwdsl2/setup-ipsec-
vpn/-/raw/master/extras/vpnuninstall.sh
```

Per ulteriori informazioni, consulta il capitolo 10, IPsec VPN: disinstalla la
VPN.

3 Guida: come configurare e utilizzare la VPN IKEv2

3.1 Introduzione

I sistemi operativi moderni supportano lo standard IKEv2. Internet Key Exchange (IKE o IKEv2) è il protocollo utilizzato per impostare una Security Association (SA) nella suite di protocolli IPsec. Rispetto alla versione 1 di IKE, IKEv2 contiene miglioramenti come il supporto Standard Mobility tramite MOBIKE e maggiore affidabilità.

Libreswan può autenticare i client IKEv2 sulla base di certificati macchina X.509 utilizzando firme RSA. Questo metodo non richiede un IPsec PSK, nome utente o password. Può essere utilizzato con Windows, macOS, iOS, Android, Chrome OS e Linux.

Per impostazione predefinita, IKEv2 viene impostato automaticamente quando si esegue lo script di configurazione VPN. Se vuoi saperne di più sulla configurazione di IKEv2, consulta la sezione 3.6 Configura IKEv2 tramite script helper. Utenti Docker, possono consultare la sezione 11.9 Configura e utilizza VPN IKEv2.

3.2 Configurare i client VPN IKEv2

Nota: per aggiungere o esportare client IKEv2, esegui `sudo ikev2.sh`. Usa `-h` per mostrare l'utilizzo. I file di configurazione del client possono essere eliminati in sicurezza dopo l'importazione.

- Windows 7, 8, 10 e 11+
- macOS
- iOS (iPhone/iPad)
- Android
- Chrome OS (Chromebook)
- Linux
- MikroTik RouterOS

3.2.1 Windows 7, 8, 10 e 11+

3.2.1.1 Importa automaticamente la configurazione

Screencast: importa automaticamente la configurazione IKEv2 su Windows
Guarda su YouTube: https://youtu.be/H8-S35OgoeE

Gli utenti di **Windows 8, 10 e 11+** possono importare automaticamente la configurazione IKEv2:

1. Trasferisci in modo sicuro il file `.p12` generato sul tuo computer.
2. Scarica `ikev2_config_import.cmd` (https://github.com/hwdsl2/vpn-extras/releases/latest/download/ikev2_config_import.cmd) e salva questo script helper nella **stessa cartella** del file `.p12`.
3. Fai clic con il pulsante destro del mouse sullo script salvato e seleziona **Proprietà**. Fai clic su **Annulla blocco** in basso, quindi fai clic su **OK**.
4. Fai clic con il pulsante destro del mouse sullo script salvato, seleziona **Esegui come amministratore** e segui le istruzioni.

Per connetterti alla VPN: fai clic sull'icona wireless/rete nella barra delle applicazioni, seleziona la nuova voce VPN e fai clic su **Connetti**. Una volta connesso, puoi verificare che il tuo traffico venga instradato correttamente cercando il tuo indirizzo IP su Google. Dovresti vedere "Il tuo indirizzo IP pubblico è `IP del tuo server VPN`".

Se si verifica un errore durante il tentativo di connessione, consulta la sezione 7.2 Risoluzione dei problemi IKEv2.

3.2.1.2 Importa manualmente la configurazione

Screencast: importa manualmente la configurazione IKEv2 su Windows 8/10/11
Guarda su YouTube: https://youtu.be/-CDnvh58EJM
Screencast: importa manualmente la configurazione IKEv2 su Windows 7
Guarda su YouTube: https://youtu.be/UsBWmO-CRCo

In alternativa, gli utenti di **Windows 7, 8, 10 e 11+** possono importare manualmente la configurazione IKEv2:

1. Trasferisci in modo sicuro il file .p12 generato sul tuo computer, quindi importalo nell'archivio certificati.

   Per importare il file .p12, esegui quanto segue da un prompt dei comandi con privilegi elevati:

   ```
   # Importa file .p12 (sostituisci con il tuo valore)
   certutil -f -importpfx "\path\to\your\file.p12" NoExport
   ```

   Nota: se non è presente alcuna password per i file di configurazione del client, premere Invio per continuare oppure, se si importa manualmente il file .p12, lasciare vuoto il campo della password.

   In alternativa, puoi importare manualmente il file .p12:
   https://wiki.strongswan.org/projects/strongswan/wiki/Win7Certs/9

   Assicurarsi che il certificato client sia inserito in `Personale` → `Certificati` e che il certificato CA sia inserito in `Autorità di certificazione radice attendibili` → `Certificati`.

2. Sul computer Windows, aggiungere una nuova connessione VPN IKEv2.

   Per **Windows 8, 10 e 11+**, si consiglia di creare la connessione VPN utilizzando i seguenti comandi da un prompt dei comandi, per migliorare sicurezza e prestazioni.

   ```
   # Crea una connessione VPN (sostituisci l'indirizzo
   # del server con il tuo valore)
   powershell -command ^"Add-VpnConnection ^
     -ServerAddress 'IP del tuo server VPN (o nome DNS)' ^
     -Name 'My IKEv2 VPN' -TunnelType IKEv2 ^
     -AuthenticationMethod MachineCertificate ^
     -EncryptionLevel Required -PassThru^"
   # Imposta la configurazione IPsec
   powershell -command ^"Set-VpnConnectionIPsecConfiguration ^
     -ConnectionName 'My IKEv2 VPN' ^
     -AuthenticationTransformConstants GCMAES128 ^
     -CipherTransformConstants GCMAES128 ^
     -EncryptionMethod AES256 ^
   ```

```
-IntegrityCheckMethod SHA256 -PfsGroup None ^
-DHGroup Group14 -PassThru -Force^"
```

Windows 7 non supporta questi comandi, puoi creare manualmente la connessione VPN:

https://wiki.strongswan.org/projects/strongswan/wiki/Win7Config/8

Nota: l'indirizzo del server specificato deve **corrispondere esattamente** all'indirizzo del server nell'output dello script helper IKEv2. Ad esempio, se hai specificato il nome DNS del server durante la configurazione di IKEv2, devi inserire il nome DNS nel campo **Indirizzo Internet**.

3. **Questo passaggio è obbligatorio se hai creato manualmente la connessione VPN.**

   Abilita cifrari più forti per IKEv2 con una modifica del registro una tantum. Esegui quanto segue da un prompt dei comandi con privilegi elevati.

   ○ Per Windows 7, 8, 10 e 11+

```
REG ADD HKLM\SYSTEM\CurrentControlSet\Services\RasMan\Parameters ^
/v NegotiateDH2048_AES256 /t REG_DWORD /d 0x1 /f
```

Per connettersi alla VPN: clicca sull'icona wireless/rete nella barra delle applicazioni, seleziona la nuova voce VPN e clicca su **Connetti**. Una volta connesso, è possibile verificare che il traffico venga instradato correttamente cercando il proprio indirizzo IP su Google. Dovresti vedere "Il tuo indirizzo IP pubblico è `IP del tuo server VPN`".

Se si verifica un errore durante il tentativo di connessione, consulta la sezione 7.2 Risoluzione dei problemi IKEv2.

▼ Rimuovere la connessione VPN IKEv2.

Seguendo i passaggi seguenti, è possibile rimuovere la connessione VPN e, facoltativamente, ripristinare il computer allo stato precedente all'importazione della configurazione IKEv2.

1. Rimuovi la connessione VPN aggiunta in Impostazioni di Windows →
   Rete → VPN. Gli utenti di Windows 7 possono rimuovere la connessione
   VPN in Centro connessioni di rete e condivisione → Modifica
   impostazioni scheda.

2. (Facoltativo) Rimuovere i certificati IKEv2.

   1. Premere il tasto Windows + R e digitare `mmc`, oppure cercare `mmc` nel
      menu Start. Apri *Microsoft Management Console*.

   2. Apri `File` → `Aggiungi/Rimuovi snap-in`. Seleziona per aggiungere
      `Certificati` e nella finestra che si apre, seleziona `Account del`
      `computer` → `Computer locale`. Fai clic su `Fine` → `OK` per salvare le
      impostazioni.

   3. Vai su `Personale` → `Certificati` ed elimina il certificato client
      IKEv2. Il nome del certificato è lo stesso del nome client IKEv2
      specificato (predefinito: `vpnclient`). Il certificato è stato emesso da
      `IKEv2 VPN CA`.

   4. Vai su `Autorità di certificazione radice attendibili` →
      `Certificati` ed elimina il certificato IKEv2 VPN CA. Il certificato è
      stato rilasciato a `IKEv2 VPN CA` da `IKEv2 VPN CA`. Prima di
      eliminarlo, assicurati che non ci siano altri certificati rilasciati da
      `IKEv2 VPN CA` in `Personale` → `Certificati`.

3. (Facoltativo. Per gli utenti che hanno creato manualmente la
   connessione VPN) Ripristinare le impostazioni del registro. Nota che
   dovresti eseguire il backup del registro prima di modificarlo.

   1. Premere Win+R oppure cercare `regedit` nel menu Start. Apri *Editor*
      del Registro di sistema.

   2. Vai a:
      `HKEY_LOCAL_MACHINE\System\CurrentControlSet\Services\Rasman`
      `\Parameters` ed eliminare l'elemento con nome
      `NegotiateDH2048_AES256`, se esiste.

3.2.2 macOS

Screencast: configurazione di importazione IKEv2 e connessione su macOS
Guarda su YouTube: https://youtu.be/E2IZMUtR7kU

Per prima cosa, trasferisci in modo sicuro il file `.mobileconfig` generato sul tuo Mac, quindi fai doppio clic e segui le istruzioni per importare come profilo macOS. Se il tuo Mac esegue macOS Big Sur o versioni successive, apri Impostazioni di Sistema e vai alla sezione Profili per completare l'importazione. Per macOS Ventura e versioni successive, apri Impostazioni di Sistema e cerca Profili. Al termine, verifica che "IKEv2 VPN" sia elencato in Impostazioni di Sistema → Profili.

Per connetterti alla VPN:

1. Apri Impostazioni di Sistema e vai alla sezione Rete.
2. Seleziona la connessione VPN con `IP del tuo server VPN` (o nome DNS).
3. Seleziona la casella di controllo **Mostra stato VPN nella barra menu**. Per macOS Ventura e versioni successive, questa impostazione può essere configurata in Impostazioni di Sistema → Centro di Controllo → Solo barra dei menu.
4. Fai clic su **Connetti** o fai scorrere l'interruttore VPN su ON.

(Funzione facoltativa) Abilita **Connetti su richiesta** per avviare automaticamente una connessione VPN quando il tuo Mac è in Wi-Fi. Per abilitarla, seleziona la casella di controllo **Connetti su richiesta** per la connessione VPN e fai clic su **Applica**. Per trovare questa impostazione su macOS Ventura e versioni successive, fai clic sull'icona "i" a destra della connessione VPN.

Puoi personalizzare le regole VPN On Demand per escludere determinate reti Wi-Fi, come la tua rete domestica. Consulta il capitolo 4 per maggiori dettagli.

Una volta connesso, puoi verificare che il tuo traffico venga instradato correttamente cercando il tuo indirizzo IP su Google. Dovresti vedere "Il tuo indirizzo IP pubblico è `IP del tuo server VPN`".

Se si verifica un errore durante il tentativo di connessione, consulta la sezione 7.2 Risoluzione dei problemi IKEv2.

▼ Rimuovere la connessione VPN IKEv2.

Per rimuovere la connessione VPN IKEv2, apri Impostazioni di Sistema → Profili e rimuovi il profilo VPN IKEv2 che hai aggiunto.

3.2.3 iOS

Screencast: configurazione di importazione IKEv2 e connessione su iOS (iPhone e iPad)
Guarda su YouTube: https://youtube.com/shorts/Y5HuX7jk_Kc

Per prima cosa, trasferisci in modo sicuro il file `.mobileconfig` generato sul tuo dispositivo iOS, quindi importalo come profilo iOS. Per trasferire il file, puoi:

1. Inviarlo tramite AirDrop, oppure
2. Caricarlo sul tuo dispositivo (qualsiasi cartella App) usando condivisione file (https://support.apple.com/it-it/119585), quindi aprire l'app "File" sul tuo dispositivo iOS e spostare il file caricato nella cartella "iPhone". Dopodiché, toccare il file e andare all'app "Impostazioni" per importarlo, oppure
3. Ospitare il file su un tuo sito web sicuro, quindi scaricalo e importarlo in Mobile Safari.

Al termine, controlla che "IKEv2 VPN" sia elencato in Impostazioni → Generali → VPN e gestione dispositivo o Profilo/i.

Per connetterti alla VPN:

1. Vai su Impostazioni → VPN. Seleziona la connessione VPN con `IP del tuo server VPN` (o nome DNS).
2. Fai scorrere l'interruttore **VPN** su ON.

(Funzione facoltativa) Abilita **Connetti su richiesta** per avviare automaticamente una connessione VPN quando il tuo dispositivo iOS è in Wi-Fi. Per abilitare, tocca l'icona "i" a destra della connessione VPN e abilita **Connetti su richiesta**.

Puoi personalizzare le regole di VPN On Demand per escludere determinate reti Wi-Fi, come la tua rete domestica, oppure per avviare la connessione VPN sia sulle reti Wi-Fi che su quelle cellulari. Consulta il capitolo 4 per maggiori dettagli.

Una volta connesso, puoi verificare che il tuo traffico venga instradato correttamente cercando il tuo indirizzo IP su Google. Dovresti vedere "Il tuo indirizzo IP pubblico è `IP del tuo server VPN`".

Se si verifica un errore durante il tentativo di connessione, consulta la sezione 7.2 Risoluzione dei problemi IKEv2.

▼ Rimuovere la connessione VPN IKEv2.

Per rimuovere la connessione VPN IKEv2, apri Impostazioni → Generali → VPN e gestione dispositivo o Profilo/i e rimuovi il profilo VPN IKEv2 che hai aggiunto.

3.2.4 Android

3.2.4.1 Utilizzo del client VPN strongSwan

Screencast: connettiti utilizzando il client VPN Android strongSwan
Guarda su YouTube: https://youtu.be/i6j1N_7cI-w

Gli utenti Android possono connettersi utilizzando il client VPN strongSwan (consigliato).

1. Trasferisci in modo sicuro il file `.sswan` generato sul tuo dispositivo Android.
2. Installa strongSwan VPN client da **Google Play**.
3. Avvia strongSwan VPN client.
4. Tocca il menu "Altre opzioni" in alto a destra, quindi tocca **Import VPN profile**.
5. Scegli il file `.sswan` trasferito dal server VPN.
   Nota: per trovare il file `.sswan`, tocca il pulsante del menu a tre righe, quindi vai alla posizione in cui hai salvato il file.
6. Nella schermata "Import VPN profile", tocca **Import certificate from VPN profile** e segui le istruzioni.

7. Nella schermata "Scegli certificato", seleziona il nuovo certificato client, quindi tocca **Seleziona**.
8. Tocca **Import**.
9. Tocca il nuovo profilo VPN per connetterti.

(Funzione facoltativa) Puoi scegliere di abilitare la funzione "VPN sempre attiva" su Android. Avvia l'app **Impostazioni**, vai su Rete e Internet → VPN, fai clic sull'icona dell'ingranaggio a destra di "strongSwan VPN client", quindi abilita le opzioni **VPN sempre attiva** e **Blocca connessioni senza VPN**.

Una volta connesso, puoi verificare che il tuo traffico venga instradato correttamente cercando il tuo indirizzo IP su Google. Dovresti vedere "Il tuo indirizzo IP pubblico è `IP del tuo server VPN`".

Se si verifica un errore durante il tentativo di connessione, consulta la sezione 7.2 Risoluzione dei problemi IKEv2.

Nota: se il tuo dispositivo esegue Android 6.0 (Marshmallow) o una versione precedente, per connetterti tramite il client VPN strongSwan, devi apportare la seguente modifica al server VPN: modifica `/etc/ipsec.d/ikev2.conf` sul server. Aggiungi `authby=rsa-sha1` alla fine della sezione `conn ikev2-cp`, rientrata di due spazi. Salva il file ed esegui `service ipsec restart`.

3.2.4.2 Utilizzo del client IKEv2 nativo

Screencast: connettiti utilizzando il client VPN nativo su Android 11+
Guarda su YouTube: https://youtu.be/Cai6k4GgkEE

Gli utenti Android 11+ possono connettersi anche utilizzando il client IKEv2 nativo.

1. Trasferisci in modo sicuro il file `.p12` generato sul tuo dispositivo Android.
2. Avviare l'applicazione **Impostazioni**.
3. Vai su Sicurezza → Crittografia e credenziali.
4. Tocca **Installa un certificato**.
5. Tocca **Certif. utente per app e VPN**.

6. Seleziona il file .p12 che hai trasferito dal server VPN.

   Nota: per trovare il file .p12, tocca il pulsante del menu a tre linee, quindi vai alla posizione in cui hai salvato il file.

7. Inserisci un nome per il certificato, quindi tocca **OK**.

8. Vai su Impostazioni → Rete e Internet → VPN, quindi tocca il pulsante "+".

9. Inserisci un nome per il profilo VPN.

10. Seleziona **IKEv2/IPSec RSA** dal menu a discesa **Tipo**.

11. Inserisci IP del tuo server VPN (o nome DNS) per **Indirizzo server**.

    Nota: questo deve **corrispondere esattamente** all'indirizzo del server nell'output dello script helper IKEv2.

12. Inserisci qualsiasi cosa desideri per **Identificatore IPSec**.

    Nota: questo campo non dovrebbe essere obbligatorio. È un bug di Android.

13. Seleziona il certificato importato dal menu a discesa **Certificato IPSec dell'utente**.

14. Seleziona il certificato importato dal menu a discesa **Certificato CA per IPSec**.

15. Seleziona **(ricevuto dal server)** dal menu a discesa **Certificato server IPSec**.

16. Tocca **Salva**. Quindi tocca la nuova connessione VPN e tocca **Connetti**.

Una volta connesso, puoi verificare che il tuo traffico venga instradato correttamente cercando il tuo indirizzo IP su Google. Dovresti vedere "Il tuo indirizzo IP pubblico è IP del tuo server VPN".

Se si verifica un errore durante il tentativo di connessione, consulta la sezione 7.2 Risoluzione dei problemi IKEv2.

3.2.5 Chrome OS

Per prima cosa, sul tuo server VPN, esporta il certificato CA come ca.cer:

```
sudo certutil -L -d sql:/etc/ipsec.d \
  -n "IKEv2 VPN CA" -a -o ca.cer
```

Trasferisci in modo sicuro i file .p12 e ca.cer generati sul tuo dispositivo Chrome OS.

Installa i certificati utente e CA:

1. Apri una nuova scheda in Google Chrome.
2. Nella barra degli indirizzi, inserisci:
   chrome://settings/certificates
3. **(Importante)** Fai clic su **Importa e associa**, non su **Importa**.
4. Nella casella che si apre, scegli il file `.p12` trasferito dal server VPN e seleziona **Apri**.
5. Fai clic su **OK** se il certificato non ha una password. Altrimenti, inserisci la password del certificato.
6. Fai clic sulla scheda **Autorità**. Quindi fai clic su **Importa**.
7. Nella casella che si apre, seleziona **Tutti i file** nel menu a discesa in basso a sinistra.
8. Scegli il file `ca.cer` trasferito dal server VPN e seleziona **Apri**.
9. Mantieni le opzioni predefinite e fai clic su **OK**.

Aggiungi una nuova connessione VPN:

1. Vai su Impostazioni → Rete.
2. Fai clic su **Aggiungi connessione**, quindi su **Aggiungi VPN integrata**.
3. Inserisci qualsiasi cosa desideri per **Nome servizio**.
4. Seleziona **IPsec (IKEv2)** nel menu a discesa **Tipo di provider**.
5. Inserisci `IP del tuo server VPN` (o nome DNS) per **Nome host del server**.
6. Seleziona **Certificato utente** nel menu a discesa **Tipo di autenticazione**.
7. Seleziona **IKEv2 VPN CA [IKEv2 VPN CA]** nel menu a discesa **Certificato CA del server**.
8. Seleziona **IKEv2 VPN CA [nome client]** nel menu a discesa **Certificato utente**.
9. Lascia vuoti gli altri campi.
10. Abilita **Salva identità e password**.
11. Fai clic su **Connetti**.

Una volta connesso, vedrai un'icona VPN sovrapposta all'icona di stato della rete. Puoi verificare che il tuo traffico venga instradato correttamente cercando il tuo indirizzo IP su Google. Dovresti vedere "Il tuo indirizzo IP pubblico è `IP del tuo server VPN`".

(Funzione facoltativa) Puoi scegliere di abilitare la funzione "VPN sempre attiva" su Chrome OS. Per gestire questa impostazione, vai su Impostazioni → Rete, quindi fai clic su **VPN**.

Se si verifica un errore durante il tentativo di connessione, consulta la sezione 7.2 Risoluzione dei problemi IKEv2.

3.2.6 Linux

Prima di configurare i client VPN Linux, devi apportare la seguente modifica al server VPN: modifica /etc/ipsec.d/ikev2.conf sul server. Aggiungi authby=rsa-sha1 alla fine della sezione conn ikev2-cp, rientrata di due spazi. Salva il file ed esegui service ipsec restart.

Per configurare il tuo computer Linux per connettersi a IKEv2 come client VPN, installa prima il plugin strongSwan per NetworkManager:

```
# Ubuntu e Debian
sudo apt-get update
sudo apt-get install network-manager-strongswan


# Arch Linux
sudo pacman -Syu  # aggiorna tutti i pacchetti
sudo pacman -S networkmanager-strongswan


# Fedora
sudo yum install NetworkManager-strongswan-gnome


# CentOS
sudo yum install epel-release
sudo yum --enablerepo=epel install NetworkManager-strongswan-gnome
```

Successivamente, trasferisci in modo sicuro il file .p12 generato dal server VPN al tuo computer Linux. Dopodiché, estrai il certificato CA, il certificato client e la chiave privata. Sostituisci vpnclient.p12 nell'esempio seguente con il nome del tuo file .p12.

```
# Esempio: estrai il certificato CA, il certificato client e la
#          chiave privata. Puoi eliminare il file .p12 al termine.
```

```
# Nota: potrebbe essere necessario immettere la password di
#        importazione, che può essere trovata nell'output dello
#        script helper IKEv2. Se l'output non contiene una password
#        di importazione, premi Invio per continuare.
# Nota: se utilizzi OpenSSL 3.x (esegui "openssl version" per
#        verificare), aggiungi "-legacy" ai 3 comandi sottostanti.
openssl pkcs12 -in vpnclient.p12 -cacerts -nokeys -out ca.cer
openssl pkcs12 -in vpnclient.p12 -clcerts -nokeys -out client.cer
openssl pkcs12 -in vpnclient.p12 -nocerts -nodes  -out client.key
rm vpnclient.p12


# (Importante) Proteggere i file del certificato e della
#              chiave privata
# Nota: questo passaggio è facoltativo, ma fortemente consigliato.
sudo chown root:root ca.cer client.cer client.key
sudo chmod 600 ca.cer client.cer client.key
```

Puoi quindi configurare e abilitare la connessione VPN:

1. Vai su Impostazioni → Rete → VPN. Clicca sul pulsante +.
2. Seleziona **IPsec/IKEv2 (strongswan)**.
3. Inserisci qualsiasi cosa tu voglia nel campo **Nome**.
4. Nella sezione **Gateway (Server)**, inserisci IP del tuo server VPN (o nome DNS) per **Indirizzo**.
5. Seleziona il file `ca.cer` per il **Certificato**.
6. Nella sezione **Client**, seleziona **Certificato(/chiave privata)** nel menu a discesa **Autenticazione**.
7. Seleziona **Certificato/chiave privata** nel menu a discesa **Certificato** (se presente).
8. Seleziona il file `client.cer` per il **Certificato (filc)**.
9. Seleziona il file `client.key` per la **Chiave privata**.
10. Nella sezione **Opzioni**, seleziona la casella di controllo **Richiedi un indirizzo IP interno**.
11. Nella sezione **Proposte di cifratura (algoritmi)**, seleziona la casella di controllo **Abilita proposte personalizzate**.
12. Lasciare vuoto il campo **IKE**.
13. Immettere `aes128gcm16` nel campo **ESP**.
14. Fai clic su **Aggiungi** per salvare le informazioni sulla connessione VPN.

15. Attivare l'interruttore **VPN**.

In alternativa, puoi connetterti usando la riga di comando. Guarda i seguenti link per i passaggi di esempio:
https://github.com/hwdsl2/setup-ipsec-vpn/issues/1399
https://github.com/hwdsl2/setup-ipsec-vpn/issues/1007

Se riscontri l'errore Impossibile trovare la connessione sorgente, modifica /etc/netplan/01-netcfg.yaml e sostituisci renderer: networkd con renderer: NetworkManager, quindi esegui sudo netplan apply. Per connetterti alla VPN, esegui sudo nmcli c up VPN. Per disconnetterti: sudo nmcli c down VPN.

Una volta connesso, puoi verificare che il tuo traffico venga instradato correttamente cercando il tuo indirizzo IP su Google. Dovresti vedere "Il tuo indirizzo IP pubblico è IP del tuo server VPN".

Se si verifica un errore durante il tentativo di connessione, consulta la sezione 7.2 Risoluzione dei problemi IKEv2.

3.2.7 MikroTik RouterOS

Gli utenti avanzati possono configurare IKEv2 VPN su MikroTik RouterOS. Per maggiori dettagli, consulta la sezione "RouterOS" nella guida IKEv2: https://github.com/hwdsl2/setup-ipsec-vpn/blob/master/docs/ikev2-howto.md#routeros

3.3 Gestire i client IKEv2

Dopo aver impostato il server VPN, puoi gestire i client VPN IKEv2 seguendo le istruzioni in questa sezione. Ad esempio, puoi aggiungere nuovi client IKEv2 sul server per i tuoi computer e dispositivi mobili aggiuntivi, elencare i client esistenti o esportare la configurazione per un client esistente.

Per gestire i client IKEv2, connettiti prima al tuo server VPN tramite SSH, quindi esegui:

```
sudo ikev2.sh
```

Vedrai le seguenti opzioni:

```
IKEv2 is already set up on this server.

Select an option:
  1) Add a new client
  2) Export config for an existing client
  3) List existing clients
  4) Revoke an existing client
  5) Delete an existing client
  6) Remove IKEv2
  7) Exit
```

Puoi quindi immettere l'opzione desiderata per gestire i client IKEv2.

Nota: queste opzioni potrebbero cambiare nelle versioni più recenti dello script. Leggi attentamente prima di selezionare l'opzione desiderata.

In alternativa, puoi eseguire `ikev2.sh` con le opzioni della riga di comando. Vedi sotto per i dettagli.

3.3.1 Aggiungere un nuovo client

Per aggiungere un nuovo client IKEv2:

1. Seleziona l'opzione 1 dal menu, digitando 1 e premendo Invio.
2. Fornisci un nome per il nuovo client.
3. Specifica il periodo di validità per il nuovo certificato client.

In alternativa, puoi eseguire `ikev2.sh` con l'opzione `--addclient`. Utilizza l'opzione `-h` per mostrare l'utilizzo.

```
sudo ikev2.sh --addclient [nome client]
```

Passaggi successivi: configurare i client VPN IKEv2. Consulta la sezione 3.2 per maggiori dettagli.

3.3.2 Esportare un client esistente

Per esportare la configurazione IKEv2 per un client esistente:

1. Seleziona l'opzione 2 dal menu, digitando 2 e premendo Invio.

2. Dall'elenco dei client esistenti, inserisci il nome del client che vuoi esportare.

In alternativa, puoi eseguire `ikev2.sh` con l'opzione `--exportclient`.

```
sudo ikev2.sh --exportclient [nome client]
```

3.3.3 Elencare i client esistenti

Seleziona l'opzione 3 dal menu, digitando 3 e premendo Invio. Lo script visualizzerà quindi un elenco dei client IKEv2 esistenti.

In alternativa, puoi eseguire `ikev2.sh` con l'opzione `--listclients`.

```
sudo ikev2.sh --listclients
```

3.3.4 Revocare un client

In determinate circostanze, potrebbe essere necessario revocare un certificato client IKEv2 generato in precedenza.

1. Seleziona l'opzione 4 dal menu, digitando 4 e premendo Invio.
2. Dall'elenco dei client esistenti, inserisci il nome del client che vuoi revocare.
3. Conferma la revoca del client.

In alternativa, puoi eseguire `ikev2.sh` con l'opzione `--revokeclient`.

```
sudo ikev2.sh --revokeclient [nome client]
```

3.3.5 Eliminare un client

Importante: l'eliminazione di un certificato client dal database IPsec **non** impedirà ai client VPN di connettersi utilizzando quel certificato! Per questo caso d'uso, **devi** revocare il certificato client anziché eliminarlo.

Attenzione: il certificato client e la chiave privata verranno **eliminati definitivamente**. Questa operazione **non può essere annullata**!

Per eliminare un client IKEv2 esistente:

1. Seleziona l'opzione 5 dal menu, digitando 5 e premendo Invio.
2. Dall'elenco dei client esistenti, inserisci il nome del client che desideri eliminare.
3. Conferma l'eliminazione del client.

In alternativa, puoi eseguire `ikev2.sh` con l'opzione `--deleteclient`.

```
sudo ikev2.sh --deleteclient [nome client]
```

▼ In alternativa, è possibile eliminare manualmente un certificato client.

1. Elencare i certificati nel database IPsec:

   ```
   certutil -L -d sql:/etc/ipsec.d
   ```

   Esempio di output:

   ```
   Certificate Nickname    Trust Attributes
                           SSL,S/MIME,JAR/XPI


   IKEv2 VPN CA            CTu,u,u
   ($PUBLIC_IP)            u,u,u
   vpnclient               u,u,u
   ```

2. Elimina il certificato client e la chiave privata. Sostituisci "Nickname" qui sotto con il nickname del certificato client che vuoi eliminare, ad esempio vpnclient.

   ```
   certutil -F -d sql:/etc/ipsec.d -n "Nickname"
   certutil -D -d sql:/etc/ipsec.d -n "Nickname" 2>/dev/null
   ```

3. (Facoltativo) Eliminare i file di configurazione client generati in precedenza (file `.p12`, `.mobileconfig` e `.sswan`) per questo client VPN, se presenti.

3.4 Cambia l'indirizzo del server IKEv2

In alcune circostanze, potrebbe essere necessario modificare l'indirizzo del server IKEv2 dopo la configurazione. Ad esempio, per passare all'uso di un nome DNS o dopo modifiche dell'IP del server. Nota che l'indirizzo del server specificato sui dispositivi client VPN deve **corrispondere esattamente** all'indirizzo del server nell'output dello script helper IKEv2. In caso contrario, i dispositivi potrebbero non essere in grado di connettersi.

Per modificare l'indirizzo del server, esegui lo script di supporto e seguire le istruzioni.

```
wget https://get.vpnsetup.net/ikev2addr -O ikev2addr.sh
sudo bash ikev2addr.sh
```

Importante: dopo aver eseguito questo script, devi aggiornare manualmente l'indirizzo del server (e l'ID remoto, se applicabile) su tutti i dispositivi client IKEv2 esistenti. Per i client iOS, dovrai eseguire `sudo ikev2.sh` per esportare il file di configurazione client aggiornato e importarlo sul dispositivo iOS.

3.5 Aggiorna lo script di supporto IKEv2

Lo script helper IKEv2 viene aggiornato di tanto in tanto per correzioni di bug e miglioramenti. Consulta il seguente link per il log dei commit: https://github.com/hwdsl2/setup-ipsec-vpn/commits/master/extras/ikev2setup.sh

Quando è disponibile una versione più recente, puoi facoltativamente aggiornare lo script helper IKEv2 sul tuo server. Nota che questi comandi sovrascriveranno qualsiasi `ikev2.sh` esistente.

```
wget https://get.vpnsetup.net/ikev2 -O /opt/src/ikev2.sh
chmod +x /opt/src/ikev2.sh \
   && ln -s /opt/src/ikev2.sh /usr/bin 2>/dev/null
```

3.6 Imposta IKEv2 utilizzando lo script di supporto

Nota: per impostazione predefinita, IKEv2 viene impostato automaticamente quando si esegue lo script di configurazione VPN. Puoi saltare questa sezione e continuare con la sezione 3.2 Configurare i client VPN IKEv2.

Importante: prima di continuare, dovresti aver configurato correttamente il tuo server VPN. Utenti Docker, possono consultare sezione 11.9 Configurare e utilizzare VPN IKEv2.

Utilizzare questo script di supporto per configurare automaticamente IKEv2 sul server VPN:

```
# Imposta IKEv2 utilizzando le opzioni predefinite
sudo ikev2.sh --auto
# In alternativa, puoi personalizzare le opzioni IKEv2
sudo ikev2.sh
```

Nota: se IKEv2 è già configurato, ma si desidera personalizzare le opzioni IKEv2, rimuovere prima IKEv2, quindi configurarlo nuovamente utilizzando `sudo ikev2.sh`.

Una volta terminato, passare alla sezione 3.2 Configurare i client VPN IKEv2. Gli utenti avanzati possono facoltativamente abilitare la modalità solo IKEv2. Consulta la sezione 8.3 per maggiori dettagli.

▼ Facoltativamente, puoi specificare un nome DNS, un nome client e/o server DNS personalizzati.

Quando si esegue la configurazione IKEv2 in modalità automatica, gli utenti avanzati possono facoltativamente specificare un nome DNS per l'indirizzo del server IKEv2. Il nome DNS deve essere un nome di dominio completamente qualificato (FQDN). Esempio:

```
sudo VPN_DNS_NAME='vpn.example.com' ikev2.sh --auto
```

Allo stesso modo, puoi specificare un nome per il primo client IKEv2. Il valore predefinito è `vpnclient` se non specificato.

```
sudo VPN_CLIENT_NAME='your_client_name' ikev2.sh --auto
```

Per impostazione predefinita, i client IKEv2 sono impostati per utilizzare Google Public DNS quando la VPN è attiva. Puoi specificare server DNS personalizzati per IKEv2. Esempio:

```
sudo VPN_DNS_SRV1=1.1.1.1 VPN_DNS_SRV2=1.0.0.1 ikev2.sh --auto
```

Di default, non è richiesta alcuna password quando si importa la configurazione client IKEv2. Puoi scegliere di proteggere i file di configurazione client utilizzando una password casuale.

```
sudo VPN_PROTECT_CONFIG=yes ikev2.sh --auto
```

Per visualizzare le informazioni sull'utilizzo dello script IKEv2, esegui `sudo ikev2.sh -h` sul server.

3.7 Imposta manualmente IKEv2

In alternativa all'utilizzo dello script helper, gli utenti avanzati possono impostare manualmente IKEv2 sul server VPN. Prima di continuare, si consiglia di aggiornare Libreswan all'ultima versione (consulta la sezione 2.7).

Visualizza i passaggi di esempio per la configurazione manuale di IKEv2: https://github.com/hwdsl2/setup-ipsec-vpn/blob/master/docs/ikev2-howto.md#manually-set-up-ikev2

3.8 Rimuovi IKEv2

Se vuoi rimuovere IKEv2 dal server VPN, ma mantenere le modalità IPsec/L2TP e IPsec/XAuth ("Cisco IPsec") (se installate), esegui lo script helper. **Attenzione:** tutta la configurazione IKEv2, inclusi certificati e chiavi, verrà **eliminata definitivamente**. Questo **non può essere annullato**!

```
sudo ikev2.sh --removeikev2
```

Dopo aver rimosso IKEv2, se si desidera configurarlo nuovamente, fai riferimento alla sezione 3.6 Configurare IKEv2 utilizzando lo script di supporto.

▼ In alternativa, è possibile rimuovere manualmente IKEv2.

Per rimuovere manualmente IKEv2 dal server VPN, ma mantenere le modalità IPsec/L2TP e IPsec/XAuth ("Cisco IPsec"), seguire questi passaggi. I comandi devono essere eseguiti come `root`.

Attenzione: tutta la configurazione IKEv2, inclusi certificati e chiavi, verrà **eliminata definitivamente**. Questa operazione **non può essere annullata**!

1. Rinomina (o elimina) il file di configurazione IKEv2:

```
mv /etc/ipsec.d/ikev2.conf /etc/ipsec.d/ikev2.conf.bak
```

2. **(Importante) Riavviare il servizio IPsec**:

```
service ipsec restart
```

3. Elencare i certificati nel database IPsec:

```
certutil -L -d sql:/etc/ipsec.d
```

Esempio di output:

```
Certificate Nickname    Trust Attributes
                        SSL,S/MIME,JAR/XPI

IKEv2 VPN CA            CTu,u,u
($PUBLIC_IP)            u,u,u
vpnclient              u,u,u
```

4. Eliminare l'elenco di revoche dei certificati (CRL), se presente:

```
crlutil -D -d sql:/etc/ipsec.d -n "IKEv2 VPN CA" 2>/dev/null
```

5. Elimina certificati e chiavi. Sostituisci "Nickname" qui sotto con il nickname di ogni certificato. Ripeti questi comandi per ogni certificato. Al termine, elenca di nuovo i certificati nel database IPsec e conferma che l'elenco è vuoto.

```
certutil -F -d sql:/etc/ipsec.d -n "Nickname"
certutil -D -d sql:/etc/ipsec.d -n "Nickname" 2>/dev/null
```

4 Guida: personalizza le regole IKEv2 VPN On Demand per macOS e iOS

4.1 Introduzione

VPN On Demand è una funzionalità opzionale su macOS e iOS (iPhone/iPad). Consente al dispositivo di avviare o interrompere automaticamente una connessione VPN IKEv2 in base a vari criteri. Fare riferimento alla sezione 3.2 Configurare i client VPN IKEv2.

Per impostazione predefinita, le regole VPN On Demand create dallo script IKEv2 avviano automaticamente una connessione VPN quando il dispositivo è in Wi-Fi (con rilevamento del captive portal) e interrompono la connessione quando è in modalità cellulare. Puoi personalizzare queste regole per escludere determinate reti Wi-Fi, come la tua rete domestica, o per avviare la connessione VPN sia in Wi-Fi che in modalità cellulare.

4.2 Personalizza le regole VPN On Demand

Per personalizzare le regole VPN On Demand per tutti i nuovi client IKEv2, modifica **/opt/src/ikev2.sh** sul tuo server VPN e sostituisci le regole predefinite con uno degli esempi sottostanti. Dopodiché, puoi aggiungere nuovi client o riesportare le configurazioni per i client esistenti eseguendo "sudo ikev2.sh".

Per personalizzare queste regole per uno specifico client IKEv2, modifica il file **.mobileconfig** generato per quel client. Dopodiché, rimuovi il profilo esistente (se presente) dal dispositivo client VPN e importa il profilo aggiornato.

Per riferimento, ecco le regole predefinite nello script IKEv2:

```
<key>OnDemandRules</key>
<array>
  <dict>
    <key>InterfaceTypeMatch</key>
```

```
      <string>WiFi</string>
      <key>URLStringProbe</key>
      <string>http://captive.apple.com/hotspot-detect.html</string>
      <key>Action</key>
      <string>Connect</string>
    </dict>
    <dict>
      <key>InterfaceTypeMatch</key>
      <string>Cellular</string>
      <key>Action</key>
      <string>Disconnect</string>
    </dict>
    <dict>
      <key>Action</key>
      <string>Ignore</string>
    </dict>
</array>
```

Esempio 1: escludi determinate reti Wi-Fi da VPN On Demand:

```
<key>OnDemandRules</key>
<array>
    <dict>
      <key>InterfaceTypeMatch</key>
      <string>WiFi</string>
      <key>SSIDMatch</key>
      <array>
        <string>YOUR_WIFI_NETWORK_NAME</string>
      </array>
      <key>Action</key>
      <string>Disconnect</string>
    </dict>
    <dict>
      <key>InterfaceTypeMatch</key>
      <string>WiFi</string>
      <key>URLStringProbe</key>
      <string>http://captive.apple.com/hotspot-detect.html</string>
      <key>Action</key>
```

```
      <string>Connect</string>
   </dict>
   <dict>
     <key>InterfaceTypeMatch</key>
     <string>Cellular</string>
     <key>Action</key>
     <string>Disconnect</string>
   </dict>
   <dict>
     <key>Action</key>
     <string>Ignore</string>
   </dict>
</array>
```

Rispetto alle regole predefinite, in questo esempio è stata aggiunta questa parte:

```
... ...
   <dict>
     <key>InterfaceTypeMatch</key>
     <string>WiFi</string>
     <key>SSIDMatch</key>
     <array>
       <string>YOUR_WIFI_NETWORK_NAME</string>
     </array>
     <key>Action</key>
     <string>Disconnect</string>
   </dict>
... ...
```

Nota: se hai più di una rete Wi-Fi da escludere, aggiungi più righe alla sezione "SSIDMatch" sopra. Ad esempio:

```
<array>
   <string>YOUR_WIFI_NETWORK_NAME_1</string>
   <string>YOUR_WIFI_NETWORK_NAME_2</string>
</array>
```

Esempio 2: avvia la connessione VPN anche sulla rete cellulare, oltre che su Wi-Fi:

```
<key>OnDemandRules</key>
<array>
  <dict>
    <key>InterfaceTypeMatch</key>
    <string>WiFi</string>
    <key>URLStringProbe</key>
    <string>http://captive.apple.com/hotspot-detect.html</string>
    <key>Action</key>
    <string>Connect</string>
  </dict>
  <dict>
    <key>InterfaceTypeMatch</key>
    <string>Cellular</string>
    <key>Action</key>
    <string>Connect</string>
  </dict>
  <dict>
    <key>Action</key>
    <string>Ignore</string>
  </dict>
</array>
```

Rispetto alle regole predefinite, questa parte è cambiata in questo esempio:

```
... ...
  <dict>
    <key>InterfaceTypeMatch</key>
    <string>Cellular</string>
    <key>Action</key>
    <string>Connect</string>
  </dict>
... ...
```

Per ulteriori informazioni sulle regole VPN On Demand, consulta: https://developer.apple.com/documentation/devicemanagement/vpn/vpn/ondemandruleselement

5 Configurare i client VPN IPsec/L2TP

Dopo aver impostato il tuo server VPN, segui questi passaggi per configurare i tuoi dispositivi. IPsec/L2TP è supportato nativamente da Android, iOS, macOS e Windows. Non c'è alcun software aggiuntivo da installare. La configurazione dovrebbe richiedere solo pochi minuti. Nel caso in cui non fossi in grado di connetterti, controlla prima che le credenziali VPN siano state inserite correttamente.

- Piattaforme
  - Windows
  - macOS
  - Android
  - iOS (iPhone/iPad)
  - Chrome OS (Chromebook)
  - Linux

5.1 Windows

È possibile connettersi anche tramite la modalità IKEv2 (consigliata).

5.1.1 Windows 11+

1. Fai clic con il pulsante destro del mouse sull'icona wireless/rete nella barra delle applicazioni.
2. Seleziona **Impostazioni rete e Internet**, quindi nella pagina che si apre clicca su **VPN**.
3. Fai clic sul pulsante **Aggiungi VPN**.
4. Seleziona **Windows (predefinito)** nel menu a discesa **Provider VPN**.
5. Inserisci qualsiasi cosa tu voglia nel campo **Nome connessione**.
6. Inserisci IP del tuo server VPN nel campo **Nome o indirizzo server**.
7. Seleziona **L2TP/IPsec con chiave già condivisa** nel menu a discesa **Tipo di VPN**.
8. Inserisci La tua VPN IPsec PSK nel campo **Chiave già condivisa**.

9. Inserisci Il tuo nome utente VPN nel campo **Nome utente**.

10. Inserisci la La tua password VPN nel campo **Password**.

11. Seleziona la casella di controllo **Memorizza le mie info di accesso**.

12. Fai clic su **Salva** per salvare i dettagli della connessione VPN.

Nota: questa modifica del registro una tantum (consulta sezione 7.3.1) è necessaria se il server e/o il client VPN si trova dietro NAT (ad esempio il router domestico).

Per connettersi alla VPN: clicca sul pulsante **Connetti**, oppure clicca sull'icona wireless/rete nella barra delle applicazioni, clicca su **VPN**, quindi selezionare la nuova voce VPN e clicca su **Connetti**. Se richiesto, immettere Il tuo nome utente VPN e Password, quindi clicca su **OK**. È possibile verificare che il traffico venga instradato correttamente cercando il proprio indirizzo IP su Google. Dovresti vedere "Il tuo indirizzo IP pubblico è IP del tuo server VPN".

Se si verifica un errore durante il tentativo di connessione, consulta la sezione 7.3 Risoluzione dei problemi IKEv1.

5.1.2 Windows 10 e 8

1. Fai clic con il pulsante destro del mouse sull'icona wireless/rete nella barra delle applicazioni.

2. Seleziona **Apri impostazioni Rete e Internet**, quindi nella pagina che si apre fai clic su **Centro connessioni di rete e condivisione**.

3. Fai clic su **Configura nuova connessione o rete**.

4. Seleziona **Connessione a una rete aziendale** e clicca su **Avanti**.

5. Fai clic su **Usa connessione Internet esistente (VPN)**.

6. Inserisci IP del tuo server VPN nel campo **Indirizzo Internet**.

7. Inserisci ciò che preferisci nel campo **Nome destinazione**, quindi fai clic su **Crea**.

8. Torna a **Centro connessioni di rete e condivisione**. Sulla sinistra, fai clic su **Modifica impostazioni scheda**.

9. Fai clic con il pulsante destro del mouse sulla nuova voce VPN e seleziona **Proprietà**.

10. Fai clic sulla scheda **Sicurezza**. Seleziona "L2TP/IPSec (Layer 2 Tunneling Protocol con IPsec)" per **Tipo di VPN**.

11. Fai clic su **Consenti i protocolli seguenti**. Seleziona le caselle di controllo "Challenge Handshake Authentication Protocol (CHAP)" e "Microsoft CHAP versione 2 (MS-CHAPV2)".
12. Fai clic sul pulsante **Impostazioni avanzate**.
13. Seleziona **Usa chiave già condivisa per l'autenticazione** e inserisci `La tua VPN IPsec PSK` per **Chiave**.
14. Fai clic su **OK** per chiudere le **Impostazioni avanzate**.
15. Fai clic su **OK** per salvare i dettagli della connessione VPN.

Nota: questa modifica del registro una tantum (consulta sezione 7.3.1) è necessaria se il server e/o il client VPN si trova dietro NAT (ad esempio il router domestico).

Per connettersi alla VPN: clicca sull'icona wireless/rete nella barra delle applicazioni, seleziona la nuova voce VPN e clicca su **Connetti**. Se richiesto, immettere `Il tuo nome utente VPN` e Password, quindi clicca su **OK**. È possibile verificare che il traffico venga instradato correttamente cercando il proprio indirizzo IP su Google. Dovresti vedere "Il tuo indirizzo IP pubblico è `IP del tuo server VPN`".

Se si verifica un errore durante il tentativo di connessione, consulta la sezione 7.3 Risoluzione dei problemi IKEv1.

In alternativa, invece di seguire i passaggi sopra, puoi creare la connessione VPN usando questi comandi di Windows PowerShell. Sostituisci `IP del tuo server VPN` e `La tua VPN IPsec PSK` con i tuoi valori, racchiusi tra virgolette singole:

```
# Disabilita la cronologia dei comandi persistenti
Set-PSReadlineOption –HistorySaveStyle SaveNothing
# Crea una connessione VPN
Add-VpnConnection –Name 'My IPsec VPN' `
   –ServerAddress 'IP del tuo server VPN' `
   –L2tpPsk 'La tua VPN IPsec PSK' –TunnelType L2tp `
   –EncryptionLevel Required `
   –AuthenticationMethod Chap,MSChapv2 –Force `
   –RememberCredential –PassThru
# Ignora l'avviso di crittografia dei dati (i dati
# vengono crittografati nel tunnel IPsec)
```

5.1.3 Windows 7, Vista e XP

1. Fai clic sul menu Start e andare al Pannello di controllo.
2. Andare alla sezione **Rete e Internet**.
3. Fai clic su **Centro connessioni di rete e condivisione**.
4. Fai clic su **Configura nuova connessione o rete**.
5. Seleziona **Connessione a una rete aziendale** e clicca su **Avanti**.
6. Fai clic su **Usa connessione Internet esistente (VPN)**.
7. Inserisci `IP del tuo server` VPN nel campo **Indirizzo Internet**.
8. Inserisci qualsiasi cosa tu voglia nel campo **Nome destinazione**.
9. Seleziona la casella di controllo **Non stabilire la connessione ora. Esegui solo la configurazione della connessione, di modo che sia possibile connettersi in un secondo momento.**.
10. Fai clic su **Avanti**.
11. Inserisci `Il tuo nome utente` VPN nel campo **Nome utente**.
12. Inserisci la `La tua password` VPN nel campo **Password**.
13. Seleziona la casella di controllo **Memorizza password**.
14. Fai clic su **Crea**, quindi su **Chiudi**.
15. Torna a **Centro connessioni di rete e condivisione**. Sulla sinistra, fai clic su **Modifica impostazioni scheda**.
16. Fai clic con il pulsante destro del mouse sulla nuova voce VPN e seleziona **Proprietà**.
17. Fai clic sulla scheda **Opzioni** e deseleziona **Includi dominio di accesso Windows**.
18. Fai clic sulla scheda **Sicurezza**. Seleziona "L2TP/IPSec (Layer 2 Tunneling Protocol con IPsec)" per **Tipo di VPN**.
19. Fai clic su **Consenti i protocolli seguenti**. Seleziona le caselle di controllo "Challenge Handshake Authentication Protocol (CHAP)" e "Microsoft CHAP versione 2 (MS-CHAPV2)".
20. Fai clic sul pulsante **Impostazioni avanzate**.
21. Seleziona **Usa chiave già condivisa per l'autenticazione** e inserisci `La tua VPN IPsec PSK` per **Chiave**.
22. Fai clic su **OK** per chiudere le **Impostazioni avanzate**.
23. Fai clic su **OK** per salvare i dettagli della connessione VPN.

Nota: questa modifica del registro una tantum (consulta sezione 7.3.1) è necessaria se il server e/o il client VPN si trova dietro NAT (ad esempio il router domestico).

Per connettersi alla VPN: clicca sull'icona wireless/rete nella barra delle applicazioni, seleziona la nuova voce VPN e clicca su **Connetti**. Se richiesto, immettere Il tuo nome utente VPN e Password, quindi clicca su **OK**. È possibile verificare che il traffico venga instradato correttamente cercando il proprio indirizzo IP su Google. Dovresti vedere "Il tuo indirizzo IP pubblico è IP del tuo server VPN".

Se si verifica un errore durante il tentativo di connessione, consulta la sezione 7.3 Risoluzione dei problemi IKEv1.

5.2 macOS

5.2.1 macOS 13 (Ventura) e versioni successive

È possibile connettersi anche tramite la modalità IKEv2 (consigliata) o IPsec/XAuth.

1. Apri **Impostazioni di Sistema** e andare alla sezione **Rete**.
2. Fai clic su **VPN** sul lato destro della finestra.
3. Fai clic sul menu a discesa **Aggiungi configurazione VPN** e seleziona **L2TP su IPSec**.
4. Nella finestra che si apre, inserisci il nome che preferisci nel campo **Nome visualizzato**.
5. Lasciare **Configurazione** come **Default**.
6. Inserisci IP del tuo server VPN come **Indirizzo server**.
7. Inserisci Il tuo nome utente VPN come **Nome account**.
8. Seleziona **Password** dal menu a discesa **Autenticazione utente**.
9. Inserisci La tua password VPN come **Password**.
10. Seleziona **Segreto condiviso** dal menu a discesa **Autenticazione computer**.
11. Inserisci Il tuo PSK IPsec VPN per **Segreto condiviso**.
12. Lasciare vuoto il campo **Nome gruppo**.
13. **(Importante)** Fai clic sulla scheda **Opzioni** e assicurarsi che l'opzione **Invia tutto il traffico in connessione VPN** sia ATTIVA.
14. **(Importante)** Fai clic sulla scheda **TCP/IP** e seleziona **Solo link locale** dal menu a discesa **Configura IPv6**.
15. Fai clic su **Crea** per salvare la configurazione VPN.

16. Per mostrare lo stato della VPN nella barra dei menu e per l'accesso rapido, vai alla sezione **Centro di Controllo** delle **Impostazioni di Sistema**. Scorri fino in fondo e seleziona `Mostra nella barra dei menu` dal menu a discesa **VPN**.

Per connettersi alla VPN: utilizzare l'icona della barra dei menu o andare alla sezione **VPN** di **Impostazioni di Sistema** e attivare l'interruttore per la configurazione della VPN. È possibile verificare che il traffico venga instradato correttamente cercando il proprio indirizzo IP su Google. Dovresti vedere "Il tuo indirizzo IP pubblico è `IP del tuo server VPN`".

Se si verifica un errore durante il tentativo di connessione, consulta la sezione 7.3 Risoluzione dei problemi IKEv1.

5.2.2 macOS 12 (Monterey) e versioni precedenti

> È possibile connettersi anche tramite la modalità IKEv2 (consigliata) o IPsec/XAuth.

1. Apri Preferenze di Sistema e vai alla sezione Rete.
2. Fai clic sul pulsante + nell'angolo inferiore sinistro della finestra.
3. Seleziona **VPN** dal menu a discesa **Interfaccia**.
4. Seleziona **L2TP su IPSec** dal menu a discesa **Tipo di VPN**.
5. Inserisci qualsiasi cosa tu voglia per **Nome servizio**.
6. Fai clic su **Crea**.
7. Inserisci `IP del tuo server VPN` come **Indirizzo del server**.
8. Inserisci `Il tuo nome utente VPN` nel campo **Nome account**.
9. Fai clic sul pulsante **Impostazioni autenticazione**.
10. Nella sezione **Autenticazione utente**, seleziona il pulsante di scelta **Password** e inserisci `La tua password VPN`.
11. Nella sezione **Autenticazione macchina**, seleziona il pulsante di opzione **Segreto condiviso** e inserisci `Il tuo PSK IPsec VPN`.
12. Fai clic su **OK**.
13. Seleziona la casella di controllo **Mostra stato VPN nella barra menu**.
14. **(Importante)** Fai clic sul pulsante **Avanzate** e assicurarsi che la casella di controllo **Invia tutto il traffico in connessione VPN** sia selezionata.

15. **(Importante)** Fai clic sulla scheda **TCP/IP** e assicurarsi che **Solo link locale** sia selezionato nella sezione **Configura IPv6**.

16. Fai clic su **OK** per chiudere le Impostazioni avanzate, quindi clicca su **Applica** per salvare le informazioni sulla connessione VPN.

Per connettersi alla VPN: utilizzare l'icona della barra dei menu o andare alla sezione Rete delle Preferenze di Sistema, seleziona la VPN e scegliere **Connetti**. È possibile verificare che il traffico venga instradato correttamente cercando il proprio indirizzo IP su Google. Dovresti vedere "Il tuo indirizzo IP pubblico è IP del tuo server VPN".

Se si verifica un errore durante il tentativo di connessione, consulta la sezione 7.3 Risoluzione dei problemi IKEv1.

5.3 Android

Importante: gli utenti Android dovrebbero invece connettersi utilizzando la modalità IKEv2 (consigliata), che è più sicura. Per maggiori dettagli, consulta la sezione 3.2. Android 12+ supporta solo la modalità IKEv2. Il client VPN nativo in Android utilizza il meno sicuro modp1024 (DH group 2) per le modalità IPsec/L2TP e IPsec/XAuth ("Cisco IPsec").

Se vuoi comunque connetterti usando la modalità IPsec/L2TP, devi prima modificare /etc/ipsec.conf sul server VPN. Trova la riga ike=... e aggiungi ,aes256-sha2;modp1024,aes128-sha1;modp1024 alla fine. Salva il file ed esegui service ipsec restart.

Utenti Docker: aggiungere VPN_ENABLE_MODP1024=yes al file env, quindi ricreare il contenitore Docker.

Dopodiché, segui i passaggi sottostanti sul tuo dispositivo Android:

1. Avviare l'applicazione **Impostazioni**.
2. Tocca "Rete e Internet". In alternativa, se utilizzi Android 7 o una versione precedente, tocca **Altro...** nella sezione **Wireless e reti**.
3. Tocca **VPN**.
4. Tocca **Aggiungi profilo VPN** o l'icona + in alto a destra dello schermo.
5. Inserisci qualsiasi cosa tu voglia nel campo **Nome**.
6. Seleziona **L2TP/IPSec PSK** nel menu a discesa **Tipo**.

7. Inserisci `IP del tuo server` VPN nel campo **Indirizzo server**.
8. Lasciare vuoto il campo **Segreto L2TP**.
9. Lasciare vuoto il campo **Identificatore IPSec**.
10. Inserisci `La tua VPN IPsec PSK` nel campo **Chiave pre-condivisa IPSec**.
11. Tocca **Salva**.
12. Tocca la nuova connessione VPN.
13. Inserisci `Il tuo nome utente` VPN nel campo **Nome utente**.
14. Inserisci la `La tua password` VPN nel campo **Password**.
15. Seleziona la casella di controllo **Salva informazioni account**.
16. Tocca **Connetti**.

Una volta connesso, vedrai un'icona VPN nella barra delle notifiche. Puoi verificare che il tuo traffico venga instradato correttamente cercando il tuo indirizzo IP su Google. Dovresti vedere "Il tuo indirizzo IP pubblico è `IP del tuo server VPN`".

Se si verifica un errore durante il tentativo di connessione, consulta la sezione 7.3 Risoluzione dei problemi IKEv1.

5.4 iOS

È possibile connettersi anche tramite la modalità IKEv2 (consigliata) o IPsec/XAuth.

1. Vai su Impostazioni → Generali → VPN.
2. Tocca **Aggiungi configurazione VPN...**.
3. Tocca **Tipo**. Seleziona **L2TP** e torna indietro.
4. Tocca **Descrizione** e inserisci ciò che preferisci.
5. Tocca **Scrvcr** e inserisci `IP del tuo server` VPN.
6. Tocca **Account** e inserisci `Il tuo nome utente` VPN.
7. Tocca **Password** e inserisci `La tua password` VPN.
8. Tocca **Segreto** e inserisci `Il tuo PSK IPsec` VPN.
9. Assicurarsi che l'interruttore **Invia tutto il traffico** sia su ON.
10. Tocca **Fine**.
11. Spostare l'interruttore **VPN** su ON.

Una volta connesso, vedrai un'icona VPN nella barra di stato. Puoi verificare che il tuo traffico venga instradato correttamente cercando il tuo indirizzo IP su Google. Dovresti vedere "Il tuo indirizzo IP pubblico è IP del tuo server VPN".

Se si verifica un errore durante il tentativo di connessione, consulta la sezione 7.3 Risoluzione dei problemi IKEv1.

5.5 Chrome OS

È possibile connettersi anche tramite la modalità IKEv2 (consigliata).

1. Vai su Impostazioni → Rete.
2. Fai clic su **Aggiungi connessione**, quindi su **Aggiungi VPN integrata**.
3. Inserisci qualsiasi cosa tu voglia per **Nome servizio**.
4. Seleziona **L2TP/IPsec** nel menu a discesa **Tipo di provider**.
5. Inserisci IP del tuo server VPN nel campo **Nome host del server**.
6. Seleziona **Chiave precondivisa** nel menu a discesa **Tipo di autenticazione**.
7. Inserisci Il tuo nome utente VPN come **Nome utente**.
8. Inserisci La tua password VPN come **Password**.
9. Inserisci La tua VPN IPsec PSK per la **Chiave precondivisa**.
10. Lasciare vuoti gli altri campi.
11. Abilita **Salva identità e password**.
12. Fai clic su **Connetti**.

Una volta connesso, vedrai un'icona VPN sovrapposta all'icona di stato della rete. Puoi verificare che il tuo traffico venga instradato correttamente cercando il tuo indirizzo IP su Google. Dovresti vedere "Il tuo indirizzo IP pubblico è IP del tuo server VPN".

Se si verifica un errore durante il tentativo di connessione, consulta la sezione 7.3 Risoluzione dei problemi IKEv1.

5.6 Linux

È possibile connettersi anche tramite la modalità IKEv2 (consigliata).

5.6.1 Ubuntu Linux

Gli utenti di Ubuntu 18.04 (e versioni successive) possono installare il pacchetto network-manager-l2tp-gnome utilizzando apt, quindi configurare il client VPN IPsec/L2TP tramite l'interfaccia grafica utente.

1. Vai su Impostazioni → Rete → VPN. Clicca sul pulsante +.
2. Seleziona **Layer 2 Tunneling Protocol (L2TP)**.
3. Inserisci qualsiasi cosa tu voglia nel campo **Nome**.
4. Inserisci IP del tuo server VPN per il **Gateway**.
5. Inserisci Il tuo nome utente VPN come **Nome utente**.
6. Fai clic con il pulsante destro del mouse su **?** nel campo **Password** e seleziona **Memorizza la password solo per questo utente**.
7. Inserisci La tua password VPN come **Password**.
8. Lasciare vuoto il campo **Dominio NT**.
9. Fai clic sul pulsante **Impostazioni IPsec...**.
10. Seleziona la casella di controllo **Abilita tunnel IPsec su host L2TP**.
11. Lasciare vuoto il campo **Gateway ID**.
12. Inserisci La tua VPN IPsec PSK per la **chiave pre-condivisa**.
13. Espandi la sezione **Avanzate**.
14. Immettere aes128–sha1–modp2048 per gli **Algoritmi Fase 1**.
15. Immettere aes128–sha1 per gli **Algoritmi Fase 2**.
16. Fai clic su **OK**, quindi su **Aggiungi** per salvare le informazioni sulla connessione VPN.
17. Attivare l'interruttore **VPN**.

Una volta connesso, puoi verificare che il tuo traffico venga instradato correttamente cercando il tuo indirizzo IP su Google. Dovresti vedere "Il tuo indirizzo IP pubblico è IP del tuo server VPN".

5.6.2 Fedora e CentOS

Gli utenti di Fedora 28 (e versioni successive) e CentOS 8/7 possono connettersi utilizzando la modalità IPsec/XAuth.

5.6.3 Altri Linux

Per prima cosa controlla qui (https://github.com/nm-l2tp/NetworkManager-l2tp/wiki/Prebuilt-Packages) per vedere se i pacchetti `network-manager-l2tp` e `network-manager-l2tp-gnome` sono disponibili per la tua distribuzione Linux. In caso affermativo, installali (seleziona strongSwan) e segui le istruzioni sopra. In alternativa, puoi configurare i client VPN Linux tramite la riga di comando.

5.6.4 Configurazione tramite riga di comando

Gli utenti avanzati possono seguire questi passaggi per configurare i client VPN Linux tramite la riga di comando. In alternativa, puoi connetterti tramite la modalità IKEv2 (consigliata) o configurare tramite la GUI. I comandi devono essere eseguiti come `root` sul tuo client VPN.

Per configurare il client VPN, installare prima i seguenti pacchetti:

```
# Ubuntu e Debian
apt-get update
apt-get install strongswan xl2tpd net-tools


# Fedora
yum install strongswan xl2tpd net-tools


# CentOS
yum install epel-release
yum --enablerepo=epel install strongswan xl2tpd net-tools
```

Crea variabili VPN (sostituisci con i valori effettivi):

```
VPN_SERVER_IP='your_vpn_server_ip'
VPN_IPSEC_PSK='your_ipsec_pre_shared_key'
VPN_USER='your_vpn_username'
VPN_PASSWORD='your_vpn_password'
```

Configura strongSwan:

```
cat > /etc/ipsec.conf <<EOF
# ipsec.conf - strongSwan IPsec configuration file

conn myvpn
  auto=add
  keyexchange=ikev1
  authby=secret
  type=transport
  left=%defaultroute
  leftprotoport=17/1701
  rightprotoport=17/1701
  right=$VPN_SERVER_IP
  ike=aes128-sha1-modp2048
  esp=aes128-sha1
EOF


cat > /etc/ipsec.secrets <<EOF
: PSK "$VPN_IPSEC_PSK"
EOF


chmod 600 /etc/ipsec.secrets


# SOLO per CentOS e Fedora
mv /etc/strongswan/ipsec.conf \
  /etc/strongswan/ipsec.conf.old 2>/dev/null
mv /etc/strongswan/ipsec.secrets \
  /etc/strongswan/ipsec.secrets.old 2>/dev/null
ln -s /etc/ipsec.conf /etc/strongswan/ipsec.conf
ln -s /etc/ipsec.secrets /etc/strongswan/ipsec.secrets
```

Configurare xl2tpd:

```
cat > /etc/xl2tpd/xl2tpd.conf <<EOF
[lac myvpn]
lns = $VPN_SERVER_IP
ppp debug = yes
pppoptfile = /etc/ppp/options.l2tpd.client
length bit = yes
```

```
EOF

cat > /etc/ppp/options.l2tpd.client <<EOF
ipcp-accept-local
ipcp-accept-remote
refuse-eap
require-chap
noccp
noauth
mtu 1280
mru 1280
noipdefault
defaultroute
usepeerdns
connect-delay 5000
name "$VPN_USER"
password "$VPN_PASSWORD"
EOF


chmod 600 /etc/ppp/options.l2tpd.client
```

La configurazione del client VPN è ora completa. Segui i passaggi sottostanti per connetterti.

Nota: è necessario ripetere tutti i passaggi indicati di seguito ogni volta che si tenta di connettersi alla VPN.

Crea il file di controllo xl2tpd:

```
mkdir -p /var/run/xl2tpd
touch /var/run/xl2tpd/l2tp-control
```

Riavviare i servizi:

```
service strongswan restart


# Per Ubuntu 20.04 e versioni successive, se il servizio
# strongswan non viene trovato
ipsec restart
```

```
service xl2tpd restart
```

Avviare la connessione IPsec:

```
# Ubuntu e Debian
ipsec up myvpn

# CentOS e Fedora
strongswan up myvpn
```

Avviare la connessione L2TP:

```
echo "c myvpn" > /var/run/xl2tpd/l2tp-control
```

Esegui `ifconfig` e controlla l'output. Ora dovresti vedere una nuova interfaccia `ppp0`.

Controlla il tuo percorso predefinito esistente:

```
ip route
```

Trova questa riga nell'output: `default via XXXX ....` Annota questo IP del gateway da usare nei due comandi seguenti.

Escludi l'IP pubblico del tuo server VPN dalla nuova rotta predefinita (sostituisci con il valore effettivo):

```
route add YOUR_VPN_SERVER_PUBLIC_IP gw X.X.X.X
```

Se il tuo client VPN è un server remoto, devi anche escludere l'IP pubblico del tuo PC locale dalla nuova rotta predefinita, per evitare che la tua sessione SSH venga disconnessa (sostituisci con il valore effettivo):

```
route add YOUR_LOCAL_PC_PUBLIC_IP gw X.X.X.X
```

Aggiungi un nuovo percorso predefinito per iniziare a instradare il traffico tramite il server VPN:

```
route add default dev ppp0
```

La connessione VPN è ora completa. Verifica che il tuo traffico venga instradato correttamente:

```
wget -qO- http://ipv4.icanhazip.com; echo
```

Il comando sopra dovrebbe restituire IP del tuo server VPN.

Per interrompere l'instradamento del traffico tramite il server VPN:

```
route del default dev ppp0
```

Per disconnettersi:

```
# Ubuntu e Debian
echo "d myvpn" > /var/run/xl2tpd/l2tp-control
ipsec down myvpn

# CentOS e Fedora
echo "d myvpn" > /var/run/xl2tpd/l2tp-control
strongswan down myvpn
```

6 Configurare i client VPN IPsec/XAuth

Dopo aver impostato il tuo server VPN, segui questi passaggi per configurare i tuoi dispositivi. IPsec/XAuth ("Cisco IPsec") è supportato nativamente da Android, iOS e macOS. Non c'è alcun software aggiuntivo da installare. Gli utenti Windows possono usare il "Shrew Soft VPN client" gratuito. Nel caso in cui non riuscissi a connetterti, controlla prima che le credenziali VPN siano state inserite correttamente.

La modalità IPsec/XAuth è anche chiamata "Cisco IPsec". Questa modalità è generalmente **più veloce** di IPsec/L2TP con un overhead inferiore.

- Piattaforme
  - Windows
  - macOS
  - Android
  - iOS (iPhone/iPad)
  - Linux

6.1 Windows

Puoi anche connetterti usando la modalità IKEv2 (consigliata) o IPsec/L2TP. Non è richiesto alcun software aggiuntivo.

1. Scarica e installa il "Shrew Soft VPN client" gratuito (https://www.shrew.net/download/vpn). Quando richiesto durante l'installazione, seleziona **Standard Edition**.
   Nota: questo client VPN NON supporta Windows 10/11.
2. Fai clic sul menu Start → Tutti i programmi → Shrew Soft VPN Client → VPN Access Manager
3. Fai clic sul pulsante **Add (+)** sulla barra degli strumenti.
4. Inserisci IP del tuo server VPN nel campo **Host Name or IP Address**.
5. Fai clic sulla scheda **Authentication**. Seleziona **Mutual PSK + XAuth** dal menu a discesa **Authentication Method**.

6. Nella sotto-scheda **Local Identity**, seleziona **IP Address** dal menu a discesa **Identification Type**.
7. Fai clic sulla sotto-scheda **Credentials**. Immettere `La tua VPN IPsec PSK` nel campo **Pre Shared Key**.
8. Fai clic sulla scheda **Phase 1**. Seleziona **main** dal menu a discesa **Exchange Type**.
9. Fai clic sulla scheda **Phase 2**. Seleziona **sha1** dal menu a discesa **HMAC Algorithm**.
10. Fai clic su **Save** per salvare i dettagli della connessione VPN.
11. Seleziona la nuova connessione VPN. Fai clic sul pulsante **Connect** sulla barra degli strumenti.
12. Inserisci `Il tuo nome utente VPN` nel campo **Username**.
13. Inserisci la `La tua password VPN` nel campo **Password**.
14. Fai clic su **Connect**.

Una volta connesso, vedrai **tunnel enabled** nella finestra di stato VPN Connect. Fai clic sulla scheda "Network" e conferma che **Established - 1** sia visualizzato in "Security Associations". Puoi verificare che il tuo traffico venga instradato correttamente cercando il tuo indirizzo IP su Google. Dovresti vedere "Il tuo indirizzo IP pubblico è `IP del tuo server VPN`".

Se si verifica un errore durante il tentativo di connessione, consulta la sezione 7.3 Risoluzione dei problemi IKEv1.

6.2 macOS

6.2.1 macOS 13 (Ventura) e versioni successive

È possibile connettersi anche tramite la modalità IKEv2 (consigliata) o IPsec/L2TP.

1. Apri **Impostazioni di Sistema** e andare alla sezione **Rete**.
2. Fai clic su **VPN** sul lato destro della finestra.
3. Fai clic sul menu a discesa **Aggiungi configurazione VPN** e seleziona **Cisco IPSec**.
4. Nella finestra che si apre, inserisci il nome che preferisci nel campo **Nome visualizzato**.
5. Inserisci `IP del tuo server VPN` come **Indirizzo server**.

6. Inserisci Il tuo nome utente VPN come **Nome account**.

7. Inserisci La tua password VPN come **Password**.

8. Seleziona **Segreto condiviso** dal menu a discesa **Tipo**.

9. Inserisci Il tuo PSK IPsec VPN per **Segreto condiviso**.

10. Lasciare vuoto il campo **Nome gruppo**.

11. Fai clic su **Crea** per salvare la configurazione VPN.

12. Per mostrare lo stato della VPN nella barra dei menu e per l'accesso rapido, vai alla sezione **Centro di Controllo** delle **Impostazioni di Sistema**. Scorri fino in fondo e seleziona Mostra nella barra dei menu dal menu a discesa **VPN**.

Per connettersi alla VPN: utilizzare l'icona della barra dei menu o andare alla sezione **VPN** di **Impostazioni di Sistema** e attivare l'interruttore per la configurazione della VPN. È possibile verificare che il traffico venga instradato correttamente cercando il proprio indirizzo IP su Google. Dovresti vedere "Il tuo indirizzo IP pubblico è IP del tuo server VPN".

Se si verifica un errore durante il tentativo di connessione, consulta la sezione 7.3 Risoluzione dei problemi IKEv1.

6.2.2 macOS 12 (Monterey) e versioni precedenti

È possibile connettersi anche tramite la modalità IKEv2 (consigliata) o IPsec/L2TP.

1. Apri Preferenze di Sistema e vai alla sezione Rete.

2. Fai clic sul pulsante + nell'angolo inferiore sinistro della finestra.

3. Seleziona **VPN** dal menu a discesa **Interfaccia**.

4. Seleziona **Cisco IPSec** dal menu a discesa **Tipo di VPN**.

5. Inserisci qualsiasi cosa tu voglia per **Nome servizio**.

6. Fai clic su **Crea**.

7. Inserisci IP del tuo server VPN come **Indirizzo del server**.

8. Inserisci Il tuo nome utente VPN nel campo **Nome account**.

9. Inserisci La tua password VPN come **Password**.

10. Fai clic sul pulsante **Impostazioni autenticazione**.

11. Nella sezione **Autenticazione macchina**, seleziona il pulsante di opzione **Segreto condiviso** e inserisci Il tuo PSK IPsec VPN.

12. Lasciare vuoto il campo **Nome gruppo**.

13. Fai clic su **OK**.

14. Seleziona la casella di controllo **Mostra stato VPN nella barra menu**.

15. Fai clic su **Applica** per salvare le informazioni sulla connessione VPN.

Per connettersi alla VPN: utilizzare l'icona della barra dei menu o andare alla sezione Rete delle Preferenze di Sistema, seleziona la VPN e scegliere **Connetti**. È possibile verificare che il traffico venga instradato correttamente cercando il proprio indirizzo IP su Google. Dovresti vedere "Il tuo indirizzo IP pubblico è IP del tuo server VPN".

Se si verifica un errore durante il tentativo di connessione, consulta la sezione 7.3 Risoluzione dei problemi IKEv1.

6.3 Android

Importante: gli utenti Android dovrebbero invece connettersi utilizzando la modalità IKEv2 (consigliata), che è più sicura. Per maggiori dettagli, consulta la sezione 3.2. Android 12+ supporta solo la modalità IKEv2. Il client VPN nativo in Android utilizza il meno sicuro modp1024 (DH group 2) per le modalità IPsec/L2TP e IPsec/XAuth ("Cisco IPsec").

Se vuoi comunque connetterti usando la modalità IPsec/XAuth, devi prima modificare /etc/ipsec.conf sul server VPN. Trova la riga ike=... e aggiungi ,aes256-sha2;modp1024,aes128-sha1;modp1024 alla fine. Salva il file ed esegui service ipsec restart.

Utenti Docker: aggiungere VPN_ENABLE_MODP1024=yes al file env, quindi ricreare il contenitore Docker.

Dopodiché, segui i passaggi sottostanti sul tuo dispositivo Android:

1. Avviare l'applicazione **Impostazioni**.
2. Tocca "Rete e Internet". In alternativa, se utilizzi Android 7 o una versione precedente, tocca **Altro...** nella sezione **Wireless e reti**.
3. Tocca **VPN**.
4. Tocca **Aggiungi profilo VPN** o l'icona + in alto a destra dello schermo.
5. Inserisci qualsiasi cosa tu voglia nel campo **Nome**.
6. Seleziona **IPSec Xauth PSK** nel menu a discesa **Tipo**.

7. Inserisci IP del tuo server VPN nel campo **Indirizzo server**.
8. Lasciare vuoto il campo **Identificatore IPSec**.
9. Inserisci La tua VPN IPsec PSK nel campo **Chiave pre-condivisa IPSec**.
10. Tocca **Salva**.
11. Tocca la nuova connessione VPN.
12. Inserisci Il tuo nome utente VPN nel campo **Nome utente**.
13. Inserisci la La tua password VPN nel campo **Password**.
14. Seleziona la casella di controllo **Salva informazioni account**.
15. Tocca **Connetti**.

Una volta connesso, vedrai un'icona VPN nella barra delle notifiche. Puoi verificare che il tuo traffico venga instradato correttamente cercando il tuo indirizzo IP su Google. Dovresti vedere "Il tuo indirizzo IP pubblico è IP del tuo server VPN".

Se si verifica un errore durante il tentativo di connessione, consulta la sezione 7.3 Risoluzione dei problemi IKEv1.

6.4 iOS

È possibile connettersi anche tramite la modalità IKEv2 (consigliata) o IPsec/L2TP.

1. Vai su Impostazioni → Generali → VPN.
2. Tocca **Aggiungi configurazione VPN…**.
3. Tocca **Tipo**. Seleziona **IPsec** e torna indietro.
4. Tocca **Descrizione** e inserisci ciò che preferisci.
5. Tocca **Server** e inserisci IP del tuo server VPN.
6. Tocca **Account** e inserisci Il tuo nome utente VPN.
7. Tocca **Password** e inserisci La tua password VPN.
8. Lasciare vuoto il campo **Nome gruppo**.
9. Tocca **Segreto** e inserisci Il tuo PSK IPsec VPN.
10. Tocca **Fine**.
11. Spostare l'interruttore **VPN** su ON.

Una volta connesso, vedrai un'icona VPN nella barra di stato. Puoi verificare che il tuo traffico venga instradato correttamente cercando il tuo indirizzo IP su Google. Dovresti vedere "Il tuo indirizzo IP pubblico è IP del tuo server

VPN".

Se si verifica un errore durante il tentativo di connessione, consulta la sezione 7.3 Risoluzione dei problemi IKEv1.

6.5 Linux

È possibile connettersi anche tramite la modalità IKEv2 (consigliata).

6.5.1 Fedora e CentOS

Gli utenti di Fedora 28 (e versioni successive) e CentOS 8/7 possono installare il pacchetto NetworkManager-libreswan-gnome utilizzando yum, quindi configurare il client VPN IPsec/XAuth tramite l'interfaccia grafica utente (GUI).

1. Vai su Impostazioni → Rete → VPN. Clicca sul pulsante +.
2. Seleziona **VPN basata su IPsec**.
3. Inserisci qualsiasi cosa tu voglia nel campo **Nome**.
4. Inserisci IP del tuo server VPN per il **Gateway**.
5. Seleziona **IKEv1 (XAUTH)** nel menu a discesa **Tipo**.
6. Inserisci Il tuo nome utente VPN come **Nome utente**.
7. Fai clic con il pulsante destro del mouse su **?** nel campo **Password utente** e seleziona **Memorizza la password solo per questo utente**.
8. Inserisci La tua password VPN come **Password utente**.
9. Lasciare vuoto il campo **Nome gruppo**.
10. Fai clic con il pulsante destro del mouse su **?** nel campo **Segreto** e seleziona **Memorizza la password solo per questo utente**.
11. Inserisci Il tuo PSK IPsec VPN per **Segreto**.
12. Lasciare vuoto il campo **ID remoto**.
13. Fai clic su **Aggiungi** per salvare le informazioni sulla connessione VPN.
14. Attivare l'interruttore **VPN**.

Una volta connesso, puoi verificare che il tuo traffico venga instradato correttamente cercando il tuo indirizzo IP su Google. Dovresti vedere "Il tuo indirizzo IP pubblico è IP del tuo server VPN".

6.5.2 Altri Linux

Altri utenti Linux possono connettersi utilizzando la modalità IPsec/L2TP.

7 IPsec VPN: risoluzione dei problemi

7.1 Controlla i registri e lo stato della VPN

I comandi sottostanti devono essere eseguiti come `root` (o utilizzando `sudo`).

Per prima cosa, riavvia i servizi sul server VPN:

```
service ipsec restart
service xl2tpd restart
```

Utenti Docker: esegui `docker restart ipsec-vpn-server`.

Quindi riavvia il tuo dispositivo client VPN e riprova la connessione. Se non riesci ancora a connetterti, prova a rimuovere e ricreare la connessione VPN. Assicurati che l'indirizzo del server VPN e le credenziali VPN siano inseriti correttamente.

Per i server con un firewall esterno (ad esempio EC2/GCE), apri le porte UDP 500 e 4500 per la VPN.

Controllare i log di Libreswan (IPsec) e xl2tpd per eventuali errori:

```
# Ubuntu e Debian
grep pluto /var/log/auth.log
grep xl2tpd /var/log/syslog

# CentOS/RHEL, Rocky Linux, AlmaLinux,
# Oracle Linux e Amazon Linux 2
grep pluto /var/log/secure
grep xl2tpd /var/log/messages

# Alpine Linux
grep pluto /var/log/messages
grep xl2tpd /var/log/messages
```

Controllare lo stato del server VPN IPsec:

```
ipsec status
```

Mostra le connessioni VPN attualmente stabilite:

```
ipsec trafficstatus
```

7.2 Risoluzione dei problemi IKEv2

Vedi anche: 7.1 controlla i registri e lo stato della VPN, 7.3 risoluzione dei problemi IKEv1 e capitolo 8, VPN IPsec: utilizzo avanzato.

7.2.1 Impossibile connettersi al server VPN

Innanzitutto, assicurati che l'indirizzo del server VPN specificato sul tuo dispositivo client VPN **corrisponda esattamente** all'indirizzo del server nell'output dello script helper IKEv2. Ad esempio, non puoi usare un nome DNS per connetterti se non è stato specificato durante la configurazione di IKEv2. Per modificare l'indirizzo del server IKEv2, leggi la sezione 3.4 Modifica indirizzo server IKEv2.

Per i server con un firewall esterno (ad esempio EC2/GCE), apri le porte UDP 500 e 4500 per la VPN.

Controllare i log e lo stato della VPN per eventuali errori (consulta la sezione 7.1). Se si verificano errori correlati alla ritrasmissione e non si riesce a connettersi, potrebbero esserci problemi di rete tra il client VPN e il server.

7.2.2 Impossibile connettere più client IKEv2

Per connettere più client IKEv2 da dietro lo stesso NAT (ad esempio router domestico) contemporaneamente, dovrai generare un certificato univoco per ogni client. Altrimenti, potresti riscontrare il problema per cui un client connesso in seguito influisce sulla connessione VPN di un client esistente, che potrebbe perdere l'accesso a Internet.

Per generare certificati per client IKEv2 aggiuntivi, esegui lo script helper con l'opzione --addclient. Per personalizzare le opzioni client, esegui lo script senza argomenti.

```
sudo ikev2.sh --addclient [nome client]
```

7.2.3 Le credenziali di autenticazione IKE non sono accettabili

Se riscontri questo errore, assicurati che l'indirizzo del server VPN specificato sul tuo dispositivo client VPN **corrisponda esattamente** all'indirizzo del server nell'output dello script helper IKEv2. Ad esempio, non puoi usare un nome DNS per connetterti se non è stato specificato durante la configurazione di IKEv2. Per modificare l'indirizzo del server IKEv2, leggi la sezione 3.4 Modifica indirizzo server IKEv2.

7.2.4 Errore di corrispondenza della policy

Per correggere questo errore, dovrai abilitare cifrari più forti per IKEv2 con una modifica del registro una tantum. Esegui quanto segue da un prompt dei comandi con privilegi elevati.

- Per Windows 7, 8, 10 e 11+

```
REG ADD HKLM\SYSTEM\CurrentControlSet\Services\RasMan\Parameters ^
  /v NegotiateDH2048_AES256 /t REG_DWORD /d 0x1 /f
```

7.2.5 Il parametro non è corretto

Se si verifica il messaggio "Errore 87: parametro errato" quando si tenta di connettersi tramite la modalità IKEv2, provare le soluzioni in: https://github.com/trailofbits/algo/issues/1051, più specificamente, il passaggio 2 "reimposta gli adattatori del gestore dispositivi".

7.2.6 Impossibile aprire i siti Web dopo la connessione a IKEv2

Se il tuo dispositivo client VPN non riesce ad aprire i siti web dopo essersi connesso correttamente a IKEv2, prova le seguenti soluzioni:

1. Alcuni provider cloud, come Google Cloud, impostano un MTU inferiore di default. Ciò potrebbe causare problemi di rete con i client VPN IKEv2. Per risolvere, prova a impostare l'MTU a 1500 sul server VPN:

```
# Sostituisci ens4 con il nome dell'interfaccia di rete
# sul tuo server
sudo ifconfig ens4 mtu 1500
```

   Questa impostazione **non** persiste dopo un riavvio. Per modificare la dimensione MTU in modo permanente, fai riferimento agli articoli pertinenti sul Web.

2. Se il tuo client VPN Android o Linux riesce a connettersi utilizzando la modalità IKEv2, ma non riesce ad aprire i siti web, prova la soluzione descritta nella sezione 7.3.6 Problemi MTU/MSS di Android/Linux.

3. I client VPN Windows potrebbero non utilizzare i server DNS specificati da IKEv2 dopo la connessione, se i server DNS configurati dal client sull'adattatore Internet provengono dal segmento di rete locale. Questo può essere risolto inserendo manualmente i server DNS come Google Public DNS (8.8.8.8, 8.8.4.4) nelle proprietà dell'interfaccia di rete → TCP/IPv4. Per maggiori informazioni, consulta la sezione 7.3.5 Perdite DNS di Windows e IPv6.

7.2.7 Connessione a Windows 10

Se utilizzi Windows 10 e la VPN rimane bloccata su "connessione" per più di qualche minuto, prova questi passaggi:

1. Fai clic con il pulsante destro del mouse sull'icona wireless/rete nella barra delle applicazioni.
2. Seleziona **Apri impostazioni Rete e Internet**, quindi nella pagina che si apre clicca su **VPN** a sinistra.
3. Seleziona la nuova voce VPN, quindi clicca su **Connetti**.

7.2.8 Altri problemi noti

Il client VPN integrato in Windows potrebbe non supportare la frammentazione IKEv2 (questa funzionalità richiede Windows 10 v1803 o versione successiva). Su alcune reti, questo può causare il fallimento della connessione o altri problemi. Puoi invece provare la modalità IPsec/L2TP o IPsec/XAuth.

7.3 Risoluzione dei problemi IKEv1

Vedi anche: 7.1 controlla i registri e lo stato della VPN, 7.2 risoluzione dei problemi IKEv2 e capitolo 8, VPN IPsec: utilizzo avanzato.

7.3.1 Errore Windows 809

> Errore 809: impossibile stabilire la connessione di rete tra il computer e il server VPN perché il server remoto non risponde. Ciò potrebbe verificarsi perché uno dei dispositivi di rete (ad esempio un firewall, un NAT o un router) tra il computer e il server remoto non è configurato per consentire le connessioni VPN. Contattare l'amministratore o il provider di servizi per determinare quale dispositivo causa il problema.

Nota: la modifica del registro di seguito è richiesta solo se si utilizza la modalità IPsec/L2TP per connettersi alla VPN. NON è richiesta per le modalità IKEv2 e IPsec/XAuth.

Per correggere questo errore, è richiesta una modifica del registro una tantum perché il server e/o il client VPN si trovano dietro NAT (ad esempio, il router di casa). Esegui quanto segue da un prompt dei comandi con privilegi elevati. **Dovrai riavviare il PC al termine.**

- Per Windows Vista, 7, 8, 10 e 11+

```
REG ADD HKLM\SYSTEM\CurrentControlSet\Services\PolicyAgent ^
  /v AssumeUDPEncapsulationContextOnSendRule /t REG_DWORD ^
  /d 0x2 /f
```

- SOLO per Windows XP

74

```
REG ADD HKLM\SYSTEM\CurrentControlSet\Services\IPSec ^
  /v AssumeUDPEncapsulationContextOnSendRule /t REG_DWORD ^
  /d 0x2 /f
```

Sebbene non sia comune, alcuni sistemi Windows disabilitano la crittografia IPsec, causando il fallimento della connessione. Per riabilitarla, esegui il seguente comando e riavvia il PC.

- Per Windows XP, Vista, 7, 8, 10 e 11+

```
REG ADD HKLM\SYSTEM\CurrentControlSet\Services\RasMan\Parameters ^
  /v ProhibitIpSec /t REG_DWORD /d 0x0 /f
```

7.3.2 Errore Windows 789 o 691

Errore 789: il tentativo di connessione L2TP non riuscito perché il livello di protezione ha rilevato un errore di elaborazione durante le negoziazioni iniziale con il computer remoto.

Errore 691: connessione remota negata. Combinazione nome utente e password non riconosciuta o protocollo di autenticazione selezionato non consentito per il server di accesso remoto.

Per l'errore 789, consulta:
https://documentation.meraki.com/MX/Client_VPN/Troubleshooting_Clie nt_VPN#Windows_Error_789 per informazioni sulla risoluzione dei problemi. Per l'errore 691, puoi provare a rimuovere e ricreare la connessione VPN. Assicurati che le credenziali VPN siano inserite correttamente.

7.3.3 Errore di Windows 628 o 766

Errore 628: la connessione è stata interrotta dal computer remoto prima che potesse essere completata.

Errore 766: impossibile trovare un certificato. Le connessioni che utilizzano il protocollo L2TP su IPSec richiedono l'installazione di un certificato macchina, noto anche come certificato computer.

Per correggere questi errori, segui questi passaggi:

1. Fai clic con il pulsante destro del mouse sull'icona wireless/rete nella barra delle applicazioni.

2. **Windows 11+:** seleziona **Impostazioni rete e Internet**, quindi nella pagina che si apre, clicca su **Impostazioni di rete avanzate**. Clicca su **Più opzioni per la scheda di rete**.

   Windows 10: seleziona **Apri impostazioni Rete e Internet**, quindi nella pagina che si apre, clicca su **Centro connessioni di rete e condivisione**. Sulla sinistra, clicca su **Modifica impostazioni scheda**.

   Windows 8/7: seleziona **Apri Centro connessioni di rete e condivisione**. Sulla sinistra, fai clic su **Modifica impostazioni scheda**.

3. Fai clic con il pulsante destro del mouse sulla nuova connessione VPN e seleziona **Proprietà**.

4. Fai clic sulla scheda **Sicurezza**. Seleziona "L2TP/IPSec (Layer 2 Tunneling Protocol con IPsec)" per **Tipo di VPN**.

5. Fai clic su **Consenti i protocolli seguenti**. Seleziona le caselle di controllo "Challenge Handshake Authentication Protocol (CHAP)" e "Microsoft CHAP versione 2 (MS-CHAPV2)".

6. Fai clic sul pulsante **Impostazioni avanzate**.

7. Seleziona **Usa chiave già condivisa per l'autenticazione** e inserisci La tua VPN IPsec PSK per **Chiave**.

8. Fai clic su **OK** per chiudere le **Impostazioni avanzate**.

9. Fai clic su **OK** per salvare i dettagli della connessione VPN.

7.3.4 Aggiornamenti Windows 10/11

Dopo aver aggiornato la versione di Windows 10/11 (ad esempio da 21H2 a 22H2), potrebbe essere necessario applicare nuovamente la correzione nella sezione 7.3.1 per l'errore di Windows 809 e riavviare.

7.3.5 Perdite DNS di Windows e IPv6

Windows 8, 10 e 11+ utilizzano di default la "risoluzione intelligente dei nomi multi-homed", che potrebbe causare "perdite DNS" quando si utilizza il client VPN IPsec nativo se i server DNS sull'adattatore Internet provengono dal segmento di rete locale. Per risolvere il problema, è possibile disabilitare la risoluzione intelligente dei nomi multi-homed (https://www.neowin.net/news/guide-prevent-dns-leakage-while-using-a-vpn-on-windows-10-and-windows-8/) oppure configurare l'adattatore Internet per utilizzare server DNS esterni alla rete locale (ad esempio 8.8.8.8 e 8.8.4.4). Al termine, cancellare la cache DNS (https://support.opendns.com/hc/en-us/articles/227988627-How-to-clear-the-DNS-Cache-) e riavviare il PC.

Inoltre, se il tuo computer ha IPv6 abilitato, tutto il traffico IPv6 (incluse le query DNS) ignorerà la VPN. Scopri come disabilitare IPv6 in Windows (https://support.microsoft.com/en-us/help/929852/guidance-for-configuring-ipv6-in-windows-for-advanced-users). Se hai bisogno di una VPN con supporto IPv6, puoi provare OpenVPN. Consulta il capitolo 13 per maggiori dettagli.

7.3.6 Problemi MTU/MSS Android/Linux

Alcuni dispositivi Android e sistemi Linux hanno problemi MTU/MSS, ovvero sono in grado di connettersi alla VPN tramite IPsec/XAuth ("Cisco IPsec") o la modalità IKEv2, ma non possono aprire siti web. Se riscontri questo problema, prova a eseguire i seguenti comandi sul server VPN. Se hanno esito positivo, puoi aggiungere questi comandi a /etc/rc.local per mantenerli dopo il riavvio.

```
iptables -t mangle -A FORWARD -m policy --pol ipsec --dir in \
  -p tcp -m tcp --tcp-flags SYN,RST SYN -m tcpmss \
  --mss 1361:1536 -j TCPMSS --set-mss 1360
iptables -t mangle -A FORWARD -m policy --pol ipsec --dir out \
  -p tcp -m tcp --tcp-flags SYN,RST SYN -m tcpmss \
  --mss 1361:1536  j TCPMSS --set-mss 1360

echo 1 > /proc/sys/net/ipv4/ip_no_pmtu_disc
```

Utenti Docker: invece di eseguire i comandi sopra, potete applicare questa correzione aggiungendo VPN_ANDROID_MTU_FIX=yes al vostro file env, quindi ricreando il contenitore Docker.

7.3.7 macOS invia traffico tramite VPN

Utenti macOS: se riesci a connetterti correttamente utilizzando la modalità IPsec/L2TP, ma il tuo IP pubblico non mostra IP del tuo server VPN, leggi la sezione macOS nel capitolo 5, Configure IPsec/L2TP VPN Clients, e completa questi passaggi. Salva la configurazione VPN e riconnettiti.

Per macOS 13 (Ventura) e versioni successive:

1. Fai clic sulla scheda **Opzioni** e assicurarsi che l'opzione **Invia tutto il traffico in connessione VPN** sia impostata su ON.
2. Fai clic sulla scheda **TCP/IP** e seleziona **Solo link locale** dal menu a discesa **Configura IPv6**.

Per macOS 12 (Monterey) e versioni precedenti:

1. Fai clic sul pulsante **Avanzate** e assicurarsi che la casella di controllo **Invia tutto il traffico in connessione VPN** sia selezionata.
2. Fai clic sulla scheda **TCP/IP** e assicurarsi che **Solo link locale** sia selezionato nella sezione **Configura IPv6**.

Dopo aver provato i passaggi sopra, se il tuo computer non invia ancora traffico tramite VPN, controlla l'ordine di servizio. Dalla schermata principale delle preferenze di rete, seleziona "imposta ordine di servizio" nel menu a discesa dell'ingranaggio sotto l'elenco delle connessioni. Trascina la connessione VPN in alto.

7.3.8 Modalità sospensione iOS/Android

Per risparmiare batteria, i dispositivi iOS (iPhone/iPad) disconnetteranno automaticamente il Wi-Fi poco dopo lo spegnimento dello schermo (modalità di sospensione). Di conseguenza, la VPN IPsec si disconnette. Questo comportamento è intenzionale e non può essere configurato.

Se hai bisogno che la VPN si riconnetta automaticamente quando il dispositivo si riattiva, puoi connetterti usando la modalità IKEv2 (consigliata) e abilitare la funzionalità "VPN On Demand". In alternativa, puoi provare OpenVPN, che supporta opzioni come "Reconnect on Wakeup" e "Seamless Tunnel". Consulta il capitolo 13 per maggiori dettagli.

I dispositivi Android potrebbero anche disconnettere il Wi-Fi dopo essere entrati in modalità sospensione. Puoi provare ad abilitare l'opzione "VPN sempre attiva" per rimanere connesso. Scopri di più su:
https://support.google.com/android/answer/9089766

7.3.9 Kernel Debian

Utenti Debian: esegui `uname -r` per controllare la versione del kernel Linux del tuo server. Se contiene la parola "cloud" e `/dev/ppp` manca, allora il kernel non supporta `ppp` e non può usare la modalità IPsec/L2TP. Gli script di configurazione VPN provano a rilevarlo e mostrano un avviso. In questo caso, puoi invece usare la modalità IKEv2 o IPsec/XAuth per connetterti alla VPN.

Per risolvere il problema con la modalità IPsec/L2TP, puoi passare al kernel Linux standard installando ad esempio il pacchetto `linux-image-amd64`. Quindi aggiorna il kernel predefinito in GRUB e riavvia il server.

8 IPsec VPN: utilizzo avanzato

8.1 Utilizzare server DNS alternativi

Per impostazione predefinita, i client sono impostati per utilizzare Google Public DNS quando la VPN è attiva. Se preferisci un altro provider DNS, è possibile sostituire 8.8.8.8 e 8.8.4.4 in questi file: `/etc/ppp/options.xl2tpd`, `/etc/ipsec.conf` e `/etc/ipsec.d/ikev2.conf` (se esiste). Quindi esegui `service ipsec restart` e `service xl2tpd restart`.

Gli utenti avanzati possono definire `VPN_DNS_SRV1` e facoltativamente `VPN_DNS_SRV2` quando eseguono lo script di configurazione VPN. Per maggiori dettagli e un elenco di alcuni provider DNS pubblici popolari, consulta la sezione 2.8 Personalizzare le opzioni VPN.

È possibile impostare diversi server DNS per specifici client IKEv2. Per questo caso d'uso, consulta: https://github.com/hwdsl2/setup-ipsec-vpn/issues/1562

In determinate circostanze, potresti volere che i client VPN utilizzino i server DNS specificati solo per risolvere i nomi di dominio interni e utilizzino i loro server DNS configurati localmente per risolvere tutti gli altri nomi di dominio. Ciò può essere configurato utilizzando l'opzione `modecfgdomains`, ad esempio `modecfgdomains="internal.example.com, home"`. Aggiungi questa opzione alla sezione `conn ikev2-cp` in `/etc/ipsec.d/ikev2.conf` per IKEv2 e alla sezione `conn xauth-psk` in `/etc/ipsec.conf` per IPsec/XAuth ("Cisco IPsec"). Quindi esegui `service ipsec restart`. La modalità IPsec/L2TP non supporta questa opzione.

8.2 Modifiche al nome DNS e all'IP del server

Per le modalità IPsec/L2TP e IPsec/XAuth ("Cisco IPsec"), puoi usare un nome DNS (ad esempio `vpn.example.com`) invece di un indirizzo IP per connetterti al server VPN, senza configurazione aggiuntiva. Inoltre, la VPN dovrebbe generalmente continuare a funzionare dopo le modifiche dell'IP del server, ad esempio dopo il ripristino di uno snapshot su un nuovo server con un IP diverso, anche se potrebbe essere necessario un riavvio.

Per la modalità IKEv2, se vuoi che la VPN continui a funzionare dopo le modifiche dell'IP del server, leggi la sezione 3.4 Modifica indirizzo server IKEv2. In alternativa, puoi specificare un nome DNS per l'indirizzo server IKEv2 quando imposti IKEv2. Il nome DNS deve essere un nome di dominio completamente qualificato (FQDN). Esempio:

```
sudo VPN_DNS_NAME='vpn.example.com' ikev2.sh --auto
```

In alternativa, è possibile personalizzare le opzioni IKEv2 eseguendo lo script di supporto senza il parametro --auto.

8.3 VPN solo IKEv2

Utilizzando Libreswan 4.2 o versioni successive, gli utenti avanzati possono abilitare la modalità IKEv2-only sul server VPN. Con la modalità IKEv2-only abilitata, i client VPN possono connettersi al server VPN solo tramite IKEv2. Tutte le connessioni IKEv1 (incluse le modalità IPsec/L2TP e IPsec/XAuth ("Cisco IPsec")) verranno interrotte.

Per abilitare la modalità IKEv2-only, installa prima il server VPN e configura IKEv2. Quindi esegui lo script helper e segui le istruzioni.

```
wget https://get.vpnsetup.net/ikev2only -O ikev2only.sh
sudo bash ikev2only.sh
```

Per disattivare la modalità solo IKEv2, esegui nuovamente lo script di supporto e seleziona l'opzione appropriata.

8.4 IP VPN interni e traffico

Quando ci si connette tramite la modalità IPsec/L2TP, il server VPN ha l'IP interno 192.168.42.1 all'interno della subnet VPN 192.168.42.0/24. Ai client vengono assegnati gli IP interni da 192.168.42.10 a 192.168.42.250. Per verificare quale IP è assegnato a un client, visualizzare lo stato della connessione sul client VPN.

Quando ci si connette tramite la modalità IPsec/XAuth ("Cisco IPsec") o IKEv2, il server VPN NON ha un IP interno nella subnet VPN `192.168.43.0/24`. Ai client vengono assegnati IP interni da `192.168.43.10` a `192.168.43.250`.

Puoi usare questi IP VPN interni per la comunicazione. Tuttavia, tieni presente che gli IP assegnati ai client VPN sono dinamici e i firewall sui dispositivi client potrebbero bloccare tale traffico.

Gli utenti avanzati possono facoltativamente assegnare IP statici ai client VPN. Consulta sotto per i dettagli.

▼ Modalità IPsec/L2TP: assegna IP statici ai client VPN.

L'esempio seguente **SOLO** si applica alla modalità IPsec/L2TP. I comandi devono essere eseguiti come `root`.

1. Per prima cosa, crea un nuovo utente VPN per ogni client VPN a cui vuoi assegnare un IP statico. Fai riferimento al capitolo 9, IPsec VPN: gestisci utenti VPN. Per comodità, sono inclusi degli script di supporto.

2. Modifica `/etc/xl2tpd/xl2tpd.conf` sul server VPN. Sostituisci `ip range = 192.168.42.10-192.168.42.250` con ad esempio `ip range = 192.168.42.100-192.168.42.250`. Ciò riduce il pool di indirizzi IP assegnati automaticamente, in modo che siano disponibili più IP da assegnare ai client come IP statici.

3. Modifica `/etc/ppp/chap-secrets` sul server VPN. Ad esempio, se il file contiene:

```
"username1"  l2tpd  "password1"  *
"username2"  l2tpd  "password2"  *
"username3"  l2tpd  "password3"  *
```

Supponiamo che tu voglia assegnare l'IP statico `192.168.42.2` all'utente VPN `username2`, assegnare l'IP statico `192.168.42.3` all'utente VPN `username3`, mantenendo `username1` invariato (assegnazione automatica dal pool). Dopo la modifica, il file dovrebbe apparire come segue:

```
"username1"  l2tpd  "password1"  *
"username2"  l2tpd  "password2"  192.168.42.2
```

```
"username3"  l2tpd  "password3"  192.168.42.3
```

Nota: gli IP statici assegnati devono provenire dalla subnet `192.168.42.0/24` e NON devono provenire dal pool di IP assegnati automaticamente (consulta `ip range` sopra). Inoltre, `192.168.42.1` è riservato al server VPN stesso. Nell'esempio sopra, puoi assegnare solo IP statici dall'intervallo `192.168.42.2`–`192.168.42.99`.

4. **(Importante)** Riavviare il servizio xl2tpd:

```
service xl2tpd restart
```

▼ Modalità IPsec/XAuth ("Cisco IPsec"): assegna IP statici ai client VPN.

L'esempio seguente **SOLO** si applica alla modalità IPsec/XAuth ("Cisco IPsec"). I comandi devono essere eseguiti come `root`.

1. Per prima cosa, crea un nuovo utente VPN per ogni client VPN a cui vuoi assegnare un IP statico. Fai riferimento al capitolo 9, IPsec VPN: gestisci utenti VPN. Per comodità, sono inclusi degli script di supporto.

2. Modifica `/etc/ipsec.conf` sul server VPN. Sostituisci `rightaddresspool=192.168.43.10`–`192.168.43.250` con ad esempio `rightaddresspool=192.168.43.100`–`192.168.43.250`. Questo riduce il pool di indirizzi IP assegnati automaticamente, in modo che siano disponibili più IP da assegnare ai client come IP statici.

3. Modifica `/etc/ipsec.d/ikev2.conf` sul server VPN (se esiste). Sostituisci `rightaddresspool=192.168.43.10`–`192.168.43.250` con lo **stesso valore** del passaggio precedente.

4. Modifica `/etc/ipsec.d/passwd` sul server VPN. Ad esempio, se il file contiene:

```
username1:password1hashed:xauth-psk
username2:password2hashed:xauth-psk
username3:password3hashed:xauth-psk
```

Supponiamo che tu voglia assegnare l'IP statico `192.168.43.2` all'utente VPN `username2`, assegnare l'IP statico `192.168.43.3` all'utente VPN `username3`, mantenendo `username1` invariato (assegnazione automatica dal pool). Dopo la modifica, il file dovrebbe apparire come segue:

```
username1:password1hashed:xauth-psk
username2:password2hashed:xauth-psk:192.168.42.2
username3:password3hashed:xauth-psk:192.168.42.3
```

Nota: gli IP statici assegnati devono provenire dalla subnet
192.168.43.0/24 e NON devono provenire dal pool di IP assegnati
automaticamente (consulta `rightaddresspool` sopra). Nell'esempio
sopra, è possibile assegnare solo IP statici dall'intervallo 192.168.43.1–
192.168.43.99.

5. **(Importante)** Riavviare il servizio IPsec:

```
service ipsec restart
```

▼ Modalità IKEv2: assegna IP statici ai client VPN.

L'esempio seguente **SOLO** si applica alla modalità IKEv2. I comandi devono
essere eseguiti come `root`.

1. Per prima cosa, crea un nuovo certificato client IKEv2 per ogni client a
cui vuoi assegnare un IP statico e scrivi il nome di ogni client IKEv2. Fai
riferimento alla sezione 3.3.1 Aggiungi un nuovo client IKEv2.

2. Modifica `/etc/ipsec.d/ikev2.conf` sul server VPN. Sostituisci
`rightaddresspool=192.168.43.10-192.168.43.250` con ad esempio
`rightaddresspool=192.168.43.100-192.168.43.250`. Questo riduce il
pool di indirizzi IP assegnati automaticamente, in modo che siano
disponibili più IP da assegnare ai client come IP statici.

3. Modifica `/etc/ipsec.conf` sul server VPN. Sostituisci
`rightaddresspool=192.168.43.10-192.168.43.250` con lo **stesso
valore** del passaggio precedente.

4. Modificare di nuovo `/etc/ipsec.d/ikev2.conf` sul server VPN. Ad
esempio, se il file contiene:

```
conn ikev2-cp
  left=%defaultroute
  ... ...
```

Supponiamo che tu voglia assegnare l'IP statico 192.168.43.4 al client IKEv2 client1, assegnare l'IP statico 192.168.43.5 al client client2, mantenendo invariati gli altri client (assegnazione automatica dal pool). Dopo la modifica, il file dovrebbe apparire come segue:

```
conn ikev2-cp
  left=%defaultroute
  ... ...

conn ikev2-shared
  # Copia tutto dalla sezione ikev2-cp, tranne:
  # rightid, rightaddresspool, auto=add

conn client1
  rightid=@client1
  rightaddresspool=192.168.43.4-192.168.43.4
  auto=add
  also=ikev2-shared

conn client2
  rightid=@client2
  rightaddresspool=192.168.43.5-192.168.43.5
  auto=add
  also=ikev2-shared
```

Nota: aggiungi una nuova sezione conn per ogni client a cui vuoi assegnare un IP statico. Devi aggiungere un prefisso @ al nome client per rightid=. Il nome client deve corrispondere esattamente al nome specificato quando hai aggiunto il nuovo client IKEv2. Gli IP statici assegnati devono provenire dalla subnet 192.168.43.0/24 e NON devono provenire dal pool di IP assegnati automaticamente (vedi rightaddresspool sopra). Nell'esempio sopra, puoi assegnare IP statici solo dall'intervallo 192.168.43.1-192.168.43.99.

Nota: per i client Windows 7/8/10/11 e RouterOS, è necessario utilizzare una sintassi diversa per rightid=. Ad esempio, se il nome del client è client1, imposta rightid="CN=client1, O=IKEv2 VPN" nell'esempio sopra.

5. **(Importante)** Riavviare il servizio IPsec:

```
service ipsec restart
```

Il traffico client-to-client è consentito di default. Se vuoi **non consentire** il traffico client-to-client, esegui i seguenti comandi sul server VPN. Aggiungili a /etc/rc.local per mantenerli dopo il riavvio.

```
iptables -I FORWARD 2 -i ppp+ -o ppp+ -s 192.168.42.0/24 \
  -d 192.168.42.0/24 -j DROP
iptables -I FORWARD 3 -s 192.168.43.0/24 -d 192.168.43.0/24 \
  -j DROP
iptables -I FORWARD 4 -i ppp+ -d 192.168.43.0/24 -j DROP
iptables -I FORWARD 5 -s 192.168.43.0/24 -o ppp+ -j DROP
```

8.5 Personalizza le subnet VPN

Per impostazione predefinita, i client VPN IPsec/L2TP utilizzeranno la subnet VPN interna 192.168.42.0/24, mentre i client VPN IPsec/XAuth ("Cisco IPsec") e IKEv2 utilizzeranno la subnet VPN interna 192.168.43.0/24. Per maggiori dettagli, consulta la sezione precedente.

Importante: puoi specificare subnet personalizzate solo **durante l'installazione iniziale della VPN**. Se la VPN IPsec è già installata, **devi** prima disinstalla la VPN (vedi capitolo 10), quindi specificare subnet personalizzate e reinstallare. Altrimenti, la VPN potrebbe smettere di funzionare.

```
# Esempio: specificare la subnet VPN personalizzata
#          per la modalità IPsec/L2TP
# Nota: è necessario specificare tutte e tre le variabili.
sudo VPN_L2TP_NET=10.1.0.0/16 \
VPN_L2TP_LOCAL=10.1.0.1 \
VPN_L2TP_POOL=10.1.0.10-10.1.254.254 \
sh vpn.sh

# Esempio: specificare la subnet VPN personalizzata
#          per le modalità IPsec/XAuth e IKEv2
# Nota: è necessario specificare entrambe le variabili.
```

```
sudo VPN_XAUTH_NET=10.2.0.0/16 \
VPN_XAUTH_POOL=10.2.0.10-10.2.254.254 \
sh vpn.sh
```

Negli esempi precedenti, `VPN_L2TP_LOCAL` è l'IP interno del server VPN per la modalità IPsec/L2TP. `VPN_L2TP_POOL` e `VPN_XAUTH_POOL` sono i pool di indirizzi IP assegnati automaticamente per i client VPN.

8.6 Inoltro delle porte ai client VPN

In alcune circostanze, potresti voler inoltrare le porte sul server VPN a un client VPN connesso. Ciò può essere fatto aggiungendo le regole IPTables sul server VPN.

Attenzione: l'inoltro delle porte esporrà le porte del client VPN all'intera Internet, il che potrebbe rappresentare un **rischio per la sicurezza**! Questo NON è consigliato, a meno che il tuo caso d'uso non lo richieda.

Nota: gli IP VPN interni assegnati ai client VPN sono dinamici e i firewall sui dispositivi client potrebbero bloccare il traffico inoltrato. Per assegnare IP statici ai client VPN, consulta la sezione 8.4 IP VPN interni e traffico. Per verificare quale IP è assegnato a un client, visualizzare lo stato della connessione sul client VPN.

Esempio 1: inoltrare la porta TCP 443 sul server VPN al client IPsec/L2TP all'indirizzo 192.168.42.10.

```
# Ottieni il nome dell'interfaccia di rete predefinita
netif=$(ip -4 route list 0/0 | grep -m 1 -Po '(?<=dev )(\S+)')
iptables -I FORWARD 2 -i "$netif" -o ppp+ -p tcp --dport 443 \
  -j ACCEPT
iptables -t nat -A PREROUTING -i "$netif" -p tcp --dport 443 \
  -j DNAT --to 192.168.42.10
```

Esempio 2: inoltrare la porta UDP 123 sul server VPN al client IKEv2 (o IPsec/XAuth) su 192.168.43.10.

```
# Ottieni il nome dell'interfaccia di rete predefinita
netif=$(ip -4 route list 0/0 | grep -m 1 -Po '(?<=dev )(\S+)')
iptables -I FORWARD 2 -i "$netif" -d 192.168.43.0/24 \
```

```
  -p udp --dport 123 -j ACCEPT
iptables -t nat -A PREROUTING -i "$netif" ! -s 192.168.43.0/24 \
  -p udp --dport 123 -j DNAT --to 192.168.43.10
```

Se vuoi che le regole persistano dopo il riavvio, puoi aggiungere questi comandi a /etc/rc.local. Per rimuovere le regole IPTables aggiunte, esegui di nuovo i comandi, ma sostituisci -I FORWARD 2 con -D FORWARD e sostituisci -A PREROUTING con -D PREROUTING.

8.7 Tunnel diviso

Con lo split tunneling, i client VPN invieranno solo traffico per una specifica subnet di destinazione attraverso il tunnel VPN. Altro traffico NON passerà attraverso il tunnel VPN. Ciò ti consente di ottenere un accesso sicuro a una rete tramite la tua VPN, senza instradare tutto il traffico del tuo client attraverso la VPN. Lo split tunneling ha alcune limitazioni e non è supportato da tutti i client VPN.

Gli utenti avanzati possono facoltativamente abilitare lo split tunneling per le modalità IPsec/XAuth ("Cisco IPsec") e/o IKEv2. La modalità IPsec/L2TP non supporta questa funzionalità (tranne su Windows, vedere sotto).

▼ Modalità IPsec/XAuth ("Cisco IPsec"): abilita lo split tunneling.

L'esempio seguente **SOLO** si applica alla modalità IPsec/XAuth ("Cisco IPsec"). I comandi devono essere eseguiti come root.

1. Modifica /etc/ipsec.conf sul server VPN. Nella sezione conn xauth-psk, sostituisci leftsubnet=0.0.0.0/0 con la subnet che vuoi che i client VPN inviino traffico attraverso il tunnel VPN. Ad esempio:
   Per una singola subnet:

   ```
   leftsubnet=10.123.123.0/24
   ```

   Per più subnet (utilizzare invece leftsubnets):

   ```
   leftsubnets="10.123.123.0/24,10.100.0.0/16"
   ```

2. **(Importante)** Riavviare il servizio IPsec:

   ```
   service ipsec restart
   ```

▼ Modalità IKEv2: abilita lo split tunneling.

L'esempio seguente **SOLO** si applica alla modalità IKEv2. I comandi devono essere eseguiti come `root`.

1. Modifica `/etc/ipsec.d/ikev2.conf` sul server VPN. Nella sezione `conn` `ikev2-cp`, sostituisci `leftsubnet=0.0.0.0/0` con la subnet che vuoi che i client VPN inviino traffico attraverso il tunnel VPN. Ad esempio:
   Per una singola subnet:

   ```
   leftsubnet=10.123.123.0/24
   ```

   Per più subnet (utilizzare invece `leftsubnets`):

   ```
   leftsubnets="10.123.123.0/24,10.100.0.0/16"
   ```

2. **(Importante)** Riavviare il servizio IPsec:

   ```
   service ipsec restart
   ```

Nota: gli utenti avanzati possono impostare una configurazione di split tunneling diversa per specifici client IKEv2. Fare riferimento a "Modalità IKEv2: assegnazione di IP statici ai client VPN" nella sezione 8.4 IP VPN interni e traffico. Sulla base dell'esempio fornito in tale sezione, è possibile aggiungere l'opzione `leftsubnet=...` alla sezione `conn` del client IKEv2 specifico, quindi riavviare il servizio IPsec.

In alternativa, gli utenti Windows possono abilitare lo split tunneling aggiungendo manualmente i percorsi:

1. Fai clic con il pulsante destro del mouse sull'icona wireless/rete nella barra delle applicazioni.
2. **Windows 11+:** seleziona **Impostazioni rete e Internet**, quindi nella pagina che si apre, clicca su **Impostazioni di rete avanzate**. Clicca su **Più opzioni per la scheda di rete**.
   Windows 10: seleziona **Apri impostazioni Rete e Internet**, quindi nella pagina che si apre, clicca su **Centro connessioni di rete e condivisione**. Sulla sinistra, clicca su **Modifica impostazioni scheda**.
   Windows 8/7: seleziona **Apri Centro connessioni di rete e**

condivisione. Sulla sinistra, fai clic su **Modifica impostazioni scheda**.

3. Fai clic con il pulsante destro del mouse sulla nuova connessione VPN e seleziona **Proprietà**.

4. Fai clic sulla scheda **Rete**. Seleziona **Internet Protocol Version 4 (TCP/IPv4)**, quindi clicca su **Proprietà**.

5. Fai clic su **Avanzate**. Deseleziona **Usa gateway predefinito sulla rete remota**.

6. Fai clic su **OK** per chiudere la finestra **Proprietà**.

7. **(Importante)** Disconnettere la VPN, quindi riconnetterla.

8. Supponiamo che la subnet su cui si desidera che i client VPN inviino traffico attraverso il tunnel VPN sia `10.123.123.0/24`. Apri un prompt dei comandi con privilegi elevati ed eseguire uno dei seguenti comandi: Per le modalità IKEv2 e IPsec/XAuth ("Cisco IPsec"):

```
route add -p 10.123.123.0 mask 255.255.255.0 192.168.43.1
```

Per la modalità IPsec/L2TP:

```
route add -p 10.123.123.0 mask 255.255.255.0 192.168.42.1
```

9. Una volta terminato, i client VPN invieranno traffico attraverso il tunnel VPN solo per la subnet specificata. Altro traffico aggirerà la VPN.

8.8 Accedi alla subnet del server VPN

Dopo essersi connessi alla VPN, i client VPN possono generalmente accedere ai servizi in esecuzione su altri dispositivi che si trovano nella stessa subnet locale del server VPN, senza configurazione aggiuntiva. Ad esempio, se la subnet locale del server VPN è `192.168.0.0/24` e un server Nginx è in esecuzione su IP `192.168.0.2`, i client VPN possono utilizzare IP `192.168.0.2` per accedere al server Nginx.

Si prega di notare che è richiesta una configurazione aggiuntiva se il server VPN ha più interfacce di rete (ad esempio `eth0` e `eth1`) e si desidera che i client VPN accedano alla subnet locale dietro l'interfaccia di rete che NON è per l'accesso a Internet. In questo scenario, è necessario eseguire i seguenti comandi per aggiungere le regole IPTables. Per persistere dopo il riavvio, è possibile aggiungere questi comandi a `/etc/rc.local`.

```
# Sostituisci eth1 con il nome dell'interfaccia di rete
# sul server VPN a cui desideri che i client VPN accedano
netif=eth1
iptables -I FORWARD 2 -i "$netif" -o ppp+ -m conntrack \
  --ctstate RELATED,ESTABLISHED -j ACCEPT
iptables -I FORWARD 2 -i ppp+ -o "$netif" -j ACCEPT
iptables -I FORWARD 2 -i "$netif" -d 192.168.43.0/24 \
  -m conntrack --ctstate RELATED,ESTABLISHED -j ACCEPT
iptables -I FORWARD 2 -s 192.168.43.0/24 -o "$netif" -j ACCEPT
iptables -t nat -I POSTROUTING -s 192.168.43.0/24 -o "$netif" \
  -m policy --dir out --pol none -j MASQUERADE
iptables -t nat -I POSTROUTING -s 192.168.42.0/24 -o "$netif" \
  -j MASQUERADE
```

8.9 Accedi ai client VPN dalla subnet del server

In alcune circostanze, potresti dover accedere ai servizi sui client VPN da altri dispositivi che si trovano sulla stessa subnet locale del server VPN. Questo può essere fatto utilizzando i seguenti passaggi.

Supponiamo che l'IP del server VPN sia `10.1.0.2` e che l'IP del dispositivo da cui si desidera accedere ai client VPN sia `10.1.0.3`.

1. Aggiungi le regole IPTables sul server VPN per consentire questo traffico. Ad esempio:

```
# Ottieni il nome dell'interfaccia di rete predefinita
netif=$(ip -4 route list 0/0 | grep -m 1 -Po '(?<=dev )(\S+)')
iptables -I FORWARD 2 -i "$netif" -o ppp+ -s 10.1.0.3 -j ACCEPT
iptables -I FORWARD 2 -i "$netif" -d 192.168.43.0/24 \
  -s 10.1.0.3 -j ACCEPT
```

2. Aggiungi regole di routing sul dispositivo a cui vuoi che accedano i client VPN. Ad esempio:

```
# Sostituisci eth0 con il nome dell'interfaccia di rete
# della subnet locale del dispositivo
route add -net 192.168.42.0 netmask 255.255.255.0 \
  gw 10.1.0.2 dev eth0
```

```
route add -net 192.168.43.0 netmask 255.255.255.0 \
   gw 10.1.0.2 dev eth0
```

Per ulteriori informazioni sugli IP VPN interni, consulta la sezione 8.4 IP VPN interni e traffico.

8.10 Specificare l'IP pubblico del server VPN

Sui server con più indirizzi IP pubblici, gli utenti avanzati possono specificare un IP pubblico per il server VPN utilizzando la variabile VPN_PUBLIC_IP. Ad esempio, se il server ha gli IP 192.0.2.1 e 192.0.2.2 e si desidera che il server VPN utilizzi 192.0.2.2:

```
sudo VPN_PUBLIC_IP=192.0.2.2 sh vpn.sh
```

Nota che questa variabile non ha effetto per la modalità IKEv2, se IKEv2 è già impostato sul server. In questo caso, puoi rimuovere IKEv2 e impostarlo di nuovo utilizzando opzioni personalizzate. Fai riferimento alla sezione 3.6 Imposta IKEv2 tramite script helper.

Potrebbe essere necessaria una configurazione aggiuntiva se si desidera che i client VPN utilizzino l'IP pubblico specificato come "IP in uscita" quando la connessione VPN è attiva e l'IP specificato NON è l'IP principale (o route predefinita) sul server. In questo caso, potrebbe essere necessario modificare le regole IPTables sul server. Per persistere dopo il riavvio, è possibile aggiungere questi comandi a /etc/rc.local.

Proseguendo con l'esempio precedente, se si desidera che l'"IP in uscita" sia 192.0.2.2:

```
# Ottieni il nome dell'interfaccia di rete predefinita
netif=$(ip -4 route list 0/0 | grep -m 1 -Po '(?<=dev )(\S+)')
# Rimuovi le regole MASQUERADE
iptables -t nat -D POSTROUTING -s 192.168.43.0/24 -o "$netif" \
   -m policy --dir out --pol none -j MASQUERADE
iptables -t nat -D POSTROUTING -s 192.168.42.0/24 -o "$netif" \
   -j MASQUERADE
# Aggiungi regole SNAT
iptables -t nat -I POSTROUTING -s 192.168.43.0/24 -o "$netif" \
```

```
-m policy --dir out --pol none -j SNAT --to 192.0.2.2
iptables -t nat -I POSTROUTING -s 192.168.42.0/24 -o "$netif" \
  -j SNAT --to 192.0.2.2
```

Nota: il metodo sopra riportato si applica solo se l'interfaccia di rete predefinita del server VPN è mappata su più IP pubblici. Questo metodo potrebbe non funzionare se il server ha più interfacce di rete, ciascuna con un IP pubblico diverso.

Per controllare l'"IP in uscita" di un client VPN connesso, puoi aprire un browser sul client e cercare l'indirizzo IP su Google.

8.11 Modifica le regole di IPTables

Per modificare le regole di IPTables dopo l'installazione, modifica `/etc/iptables.rules` e/o `/etc/iptables/rules.v4` (Ubuntu/Debian) o `/etc/sysconfig/iptables` (CentOS/RHEL). Quindi riavvia il server.

Nota: se il tuo server esegue CentOS Linux (o simili) e firewalld era attivo durante la configurazione della VPN, nftables potrebbe essere configurato. In questo caso, modifica `/etc/sysconfig/nftables.conf` invece di `/etc/sysconfig/iptables`.

9 IPsec VPN: gestisci utenti VPN

Per impostazione predefinita, viene creato un singolo account utente per l'accesso VPN. Se desideri visualizzare o gestire gli utenti per le modalità IPsec/L2TP e IPsec/XAuth ("Cisco IPsec"), leggi questo capitolo. Per IKEv2, vedi la sezione 3.3 Gestire i client IKEv2.

9.1 Gestisci gli utenti VPN utilizzando script di supporto

È possibile utilizzare gli script helper per aggiungere, eliminare o aggiornare gli utenti VPN per entrambe le modalità IPsec/L2TP e IPsec/XAuth ("Cisco IPsec"). Per IKEv2, consulta la sezione 3.3 Gestire i client IKEv2.

Nota: sostituisci gli argomenti del comando qui sotto con i tuoi valori. Gli utenti VPN sono archiviati in `/etc/ppp/chap-secrets` e `/etc/ipsec.d/passwd`. Gli script eseguiranno il backup di questi file prima di apportare modifiche, con il suffisso `.old-date-time`.

9.1.1 Aggiungi o modifica un utente VPN

Aggiungi un nuovo utente VPN o aggiorna un utente VPN esistente con una nuova password.

Esegui lo script di supporto e seguire le istruzioni:

```
sudo addvpnuser.sh
```

In alternativa, puoi eseguire lo script con gli argomenti:

```
# Tutti i valori DEVONO essere inseriti tra 'virgolette singole'
# NON usare questi caratteri speciali nei valori: \ " '
sudo addvpnuser.sh 'username_to_add' 'password'
# 0
sudo addvpnuser.sh 'username_to_update' 'new_password'
```

9.1.2 Eliminare un utente VPN

Elimina l'utente VPN specificato.

Esegui lo script di supporto e seguire le istruzioni:

```
sudo delvpnuser.sh
```

In alternativa, puoi eseguire lo script con gli argomenti:

```
# Tutti i valori DEVONO essere inseriti tra 'virgolette singole'
# NON usare questi caratteri speciali nei valori: \ " '
sudo delvpnuser.sh 'username_to_delete'
```

9.1.3 Aggiorna tutti gli utenti VPN

Rimuovi **tutti gli utenti VPN esistenti** e sostituiscili con l'elenco di utenti specificato.

Per prima cosa, scarica lo script di supporto:

```
wget https://get.vpnsetup.net/updateusers -O updateusers.sh
```

Importante: questo script rimuoverà **tutti gli utenti VPN esistenti** e li sostituirà con l'elenco di utenti da te specificato. Pertanto, devi includere tutti gli utenti esistenti che vuoi mantenere nelle variabili sottostanti.

Per utilizzare questo script, scegli una delle seguenti opzioni:

Opzione 1: modifica lo script e inserisci i dettagli dell'utente VPN:

```
nano -w updateusers.sh
# [Sostituisci con i tuoi valori: YOUR_USERNAMES
# e YOUR_PASSWORDS]
sudo bash updateusers.sh
```

Opzione 2: definire i dettagli dell'utente VPN come variabili di ambiente:

```
# Elenco di nomi utente e password VPN, separati da spazi
# Tutti i valori DEVONO essere inseriti tra 'virgolette singole'
# NON usare questi caratteri speciali nei valori: \ " '
```

```
sudo \
VPN_USERS='username1 username2 ...' \
VPN_PASSWORDS='password1 password2 ...' \
bash updateusers.sh
```

9.2 Visualizza gli utenti VPN

Per impostazione predefinita, gli script di configurazione VPN creeranno lo stesso utente VPN per entrambe le modalità IPsec/L2TP e IPsec/XAuth ("Cisco IPsec").

Per IPsec/L2TP, gli utenti VPN sono specificati in `/etc/ppp/chap-secrets`. Il formato di questo file è:

```
"username1"  l2tpd  "password1"  *
"username2"  l2tpd  "password2"  *
... ...
```

Per IPsec/XAuth ("Cisco IPsec"), gli utenti VPN sono specificati in `/etc/ipsec.d/passwd`. Le password in questo file sono salate e sottoposte a hash. Consulta la sezione 9.4 Gestire manualmente gli utenti VPN per maggiori dettagli.

9.3 Visualizza o aggiorna l'IPsec PSK

L'IPsec PSK (chiave pre-condivisa) è memorizzato in `/etc/ipsec.secrets`. Tutti gli utenti VPN condivideranno lo stesso IPsec PSK. Il formato di questo file è:

```
%any  %any  : PSK "your_ipsec_pre_shared_key"
```

Per passare a un nuovo PSK, modifica semplicemente questo file. NON usare questi caratteri speciali all'interno dei valori: \ " '

Al termine, è necessario riavviare i servizi:

```
service ipsec restart
service xl2tpd restart
```

9.4 Gestisci manualmente gli utenti VPN

Per IPsec/L2TP, gli utenti VPN sono specificati in `/etc/ppp/chap-secrets`. Il formato di questo file è:

```
"username1"  l2tpd  "password1"  *
"username2"  l2tpd  "password2"  *
... ...
```

Puoi aggiungere altri utenti, usa una riga per ogni utente. NON usare questi caratteri speciali nei valori: \ " '

Per IPsec/XAuth ("Cisco IPsec"), gli utenti VPN sono specificati in `/etc/ipsec.d/passwd`. Il formato di questo file è:

```
username1:password1hashed:xauth-psk
username2:password2hashed:xauth-psk
... ...
```

Le password in questo file sono salate e sottoposte a hash. Questo passaggio può essere eseguito utilizzando ad esempio l'utilità `openssl`:

```
# L'output sarà password1hashed
# Inserisci la tua password tra 'virgolette singole'
openssl passwd -1 'password1'
```

10 IPsec VPN: disinstalla la VPN

10.1 Disinstalla utilizzando lo script di supporto

Per disinstallare IPsec VPN, esegui lo script di supporto:

Attenzione: questo script di supporto rimuoverà IPsec VPN dal tuo server. Tutte le configurazioni VPN saranno **eliminate definitivamente** e Libreswan e xl2tpd saranno rimossi. Questo processo **non può essere annullato**!

```
wget https://get.vpnsetup.net/unst -O unst.sh && sudo bash unst.sh
```

▼ Se non riesci a scaricare, segui i passaggi indicati di seguito.

Puoi anche usare `curl` per scaricare:

```
curl -fsSL https://get.vpnsetup.net/unst -o unst.sh
sudo bash unst.sh
```

URL di download alternativi:

```
https://github.com/hwdsl2/setup-ipsec-
vpn/raw/master/extras/vpnuninstall.sh
https://gitlab.com/hwdsl2/setup-ipsec-
vpn/-/raw/master/extras/vpnuninstall.sh    ⟋
```

10.2 Disinstalla manualmente la VPN

In alternativa, puoi disinstallare manualmente IPsec VPN seguendo questi passaggi. I comandi devono essere eseguiti come `root` o con `sudo`.

Attenzione: questi passaggi rimuoveranno IPsec VPN dal tuo server. Tutte le configurazioni VPN saranno **eliminate definitivamente** e Libreswan e xl2tpd saranno rimossi. Questo processo **non può essere annullato**!

10.2.0.1 Primo passo

```
service ipsec stop
service xl2tpd stop
rm -rf /usr/local/sbin/ipsec /usr/local/libexec/ipsec \
      /usr/local/share/doc/libreswan
rm -f /etc/init/ipsec.conf /lib/systemd/system/ipsec.service \
      /etc/init.d/ipsec /usr/lib/systemd/system/ipsec.service \
      /etc/logrotate.d/libreswan \
      /usr/lib/tmpfiles.d/libreswan.conf
```

10.2.0.2 Secondo passo

Ubuntu e Debian

```
apt-get purge xl2tpd
```

CentOS/RHEL, Rocky Linux, AlmaLinux, Oracle Linux e Amazon Linux 2

```
yum remove xl2tpd
```

Alpine Linux

```
apk del xl2tpd
```

10.2.0.3 Terzo passo

Ubuntu, Debian e Alpine Linux

Modifica /etc/iptables.rules e rimuovi le regole non necessarie. Le tue regole originali (se presenti) vengono salvate come /etc/iptables.rules.old-date-time. Inoltre, modifica /etc/iptables/rules.v4 se il file esiste.

CentOS/RHEL, Rocky Linux, AlmaLinux, Oracle Linux e Amazon Linux 2

Modifica /etc/sysconfig/iptables e rimuovi le regole non necessarie. Le tue regole originali (se presenti) vengono salvate come /etc/sysconfig/iptables.old-date-time.

Nota: se si utilizza Rocky Linux, AlmaLinux, Oracle Linux 8 o CentOS/RHEL 8 e firewalld era attivo durante la configurazione della VPN, nftables potrebbe essere configurato. Modificare `/etc/sysconfig/nftables.conf` e rimuovere le regole non necessarie. Le regole originali vengono salvate come `/etc/sysconfig/nftables.conf.old-date-time`.

10.2.0.4 Quarto passo

Modifica `/etc/sysctl.conf` e rimuovi le righe dopo `# Added by hwdsl2 VPN script`.
Modifica `/etc/rc.local` e rimuovi le righe dopo `# Added by hwdsl2 VPN script`. NON rimuovere `exit 0` (se presente).

10.2.0.5 Facoltativo

Nota: questo passaggio è facoltativo.

Rimuovere questi file di configurazione:

- /etc/ipsec.conf*
- /etc/ipsec.secrets*
- /etc/ppp/chap-secrets*
- /etc/ppp/options.xl2tpd*
- /etc/pam.d/pluto
- /etc/sysconfig/pluto
- /etc/default/pluto
- /etc/ipsec.d (directory)
- /etc/xl2tpd (directory)

```
rm -f /etc/ipsec.conf* /etc/ipsec.secrets* \
    /etc/ppp/chap-secrets* \
    /etc/ppp/options.xl2tpd* \
    /etc/pam.d/pluto /etc/sysconfig/pluto \
    /etc/default/pluto
rm -rf /etc/ipsec.d /etc/xl2tpd
```

Rimuovi gli script di supporto:

```
rm -f /usr/bin/ikev2.sh /opt/src/ikev2.sh \
    /usr/bin/addvpnuser.sh /opt/src/addvpnuser.sh \
    /usr/bin/delvpnuser.sh /opt/src/delvpnuser.sh
```

Rimuovi fail2ban:

Nota: questo è facoltativo. Fail2ban può aiutare a proteggere SSH sul tuo server. La sua rimozione NON è consigliata.

```
service fail2ban stop
# Ubuntu e Debian
apt-get purge fail2ban
# CentOS/RHEL, Rocky Linux, AlmaLinux,
# Oracle Linux e Amazon Linux 2
yum remove fail2ban
# Alpine Linux
apk del fail2ban
```

10.2.0.6 Quando hai finito

Riavvia il server.

11 Crea il tuo server VPN IPsec su Docker

Visualizza questo progetto sul web: https://github.com/hwdsl2/docker-ipsec-vpn-server

Utilizzare questa immagine Docker per eseguire un server VPN IPsec, con IPsec/L2TP, Cisco IPsec e IKEv2.

Questa immagine è basata su Alpine o Debian Linux con Libreswan (software VPN IPsec) e xl2tpd (demone L2TP).

11.1 Caratteristiche

- Supporta IKEv2 con cifrature forti e veloci (ad esempio AES-GCM)
- Genera profili VPN per configurare automaticamente i dispositivi iOS, macOS e Android
- Supporta Windows, macOS, iOS, Android, Chrome OS e Linux come client VPN
- Include uno script di supporto per gestire gli utenti e i certificati IKEv2

11.2 Avvio rapido

Utilizzare questo comando per configurare un server VPN IPsec su Docker:

```
docker run \
    --name ipsec-vpn-server \
    --restart=always \
    -v ikev2-vpn-data:/etc/ipsec.d \
    -v /lib/modules:/lib/modules:ro \
    -p 500:500/udp \
    -p 4500:4500/udp \
    -d --privileged \
    hwdsl2/ipsec-vpn-server
```

I tuoi dati di accesso VPN saranno generati casualmente. Vedi la sezione 11.5.3 Recupera i dati di accesso VPN.

Per saperne di più su come utilizzare questa immagine, consulta le sezioni seguenti.

11.3 Installare Docker

Per prima cosa, installa Docker (https://docs.docker.com/engine/install/) sul tuo server Linux. Puoi anche usare Podman per eseguire questa immagine, dopo aver creato un alias (https://podman.io/whatis.html) per `docker`.

Gli utenti avanzati possono usare questa immagine su macOS con Docker per Mac. Prima di usare la modalità IPsec/L2TP, potrebbe essere necessario riavviare il contenitore Docker una volta con `docker restart ipsec-vpn-server`. Questa immagine non supporta Docker per Windows.

11.4 Scaricamento

Ottieni la build attendibile dal registro Docker Hub (https://hub.docker.com/r/hwdsl2/ipsec-vpn-server/):

```
docker pull hwdsl2/ipsec-vpn-server
```

In alternativa, puoi scaricarlo da Quay.io (https://quay.io/repository/hwdsl2/ipsec-vpn-server):

```
docker pull quay.io/hwdsl2/ipsec-vpn-server
docker image tag quay.io/hwdsl2/ipsec-vpn-server \
  hwdsl2/ipsec-vpn-server
```

Piattaforme supportate: `linux/amd64`, `linux/arm64` e `linux/arm/v7`.

Gli utenti avanzati possono creare codice sorgente su GitHub. Per maggiori dettagli, consulta la sezione 12.11.

11.4.1 Confronto delle immagini

Sono disponibili due immagini pre-costruite. Al momento in cui scrivo, l'immagine predefinita basata su Alpine è di soli ~18 MB.

	Basato su Alpine	**Basato su Debian**
Nome immagine	hwdsl2/ipsec-vpn-server	hwdsl2/ipsec-vpn-server:debian
Dimensione compressa	~ 18 MB	~ 63 MB
Immagine di base	Alpine Linux	Debian Linux
Piattaforme	amd64, arm64, arm/v7	amd64, arm64, arm/v7
IPsec/L2TP	✔	✔
Cisco IPsec	✔	✔
IKEv2	✔	✔

Nota: per utilizzare l'immagine basata su Debian, sostituire ogni `hwdsl2/ipsec-vpn-server` con `hwdsl2/ipsec-vpn-server:debian` in questo capitolo.

11.5 Come usare questa immagine

11.5.1 Variabili d'ambiente

Nota: tutte le variabili di questa immagine sono opzionali, il che significa che non devi digitare nessuna variabile e puoi avere un server VPN IPsec pronto all'uso! Per farlo, crea un file env vuoto usando `touch vpn.env` e passa alla sezione successiva.

Questa immagine Docker utilizza le seguenti variabili, che possono essere dichiarate in un file env. Consulta la sezione 11.11 per un file env di esempio.

```
VPN_IPSEC_PSK=your_ipsec_pre_shared_key
VPN_USER=your_vpn_username
VPN_PASSWORD=your_vpn_password
```

Questo creerà un account utente per l'accesso VPN, che può essere utilizzato dai tuoi dispositivi multipli. L'IPsec PSK (chiave pre-condivisa) è specificato dalla variabile di ambiente `VPN_IPSEC_PSK`. Il nome utente VPN è definito in `VPN_USER` e la password VPN è specificata da `VPN_PASSWORD`.

Sono supportati altri utenti VPN, che possono essere dichiarati facoltativamente nel file env in questo modo. I nomi utente e le password devono essere separati da spazi e i nomi utente non possono contenere duplicati. Tutti gli utenti VPN condivideranno lo stesso IPsec PSK.

```
VPN_ADDL_USERS=additional_username_1 additional_username_2
VPN_ADDL_PASSWORDS=additional_password_1 additional_password_2
```

Nota: nel file env, NON inserire "" o ' ' attorno ai valori, né aggiungere spazi attorno a =. NON utilizzare questi caratteri speciali all'interno dei valori: \ " '. Una PSK IPsec sicura deve essere composta da almeno 20 caratteri casuali.

Nota: se modifichi il file env dopo che il contenitore Docker è già stato creato, devi rimuovere e ricreare il contenitore affinché le modifiche abbiano effetto. Fai riferimento alla sezione 11.8 Aggiorna immagine Docker.

▼ Facoltativamente, puoi specificare un nome DNS, un nome client e/o server DNS personalizzati.

Gli utenti avanzati possono facoltativamente specificare un nome DNS per l'indirizzo del server IKEv2. Il nome DNS deve essere un nome di dominio completamente qualificato (FQDN). Esempio:

```
VPN_DNS_NAME=vpn.example.com
```

Puoi specificare un nome per il primo client IKEv2. Usa una sola parola, nessun carattere speciale eccetto – e _. Il valore predefinito è vpnclient se non specificato.

```
VPN_CLIENT_NAME=your_client_name
```

Per impostazione predefinita, i client sono impostati per utilizzare Google Public DNS quando la VPN è attiva. Puoi specificare server DNS personalizzati per tutte le modalità VPN. Esempio:

```
VPN_DNS_SRV1=1.1.1.1
VPN_DNS_SRV2=1.0.0.1
```

Di default, non è richiesta alcuna password quando si importa la configurazione client IKEv2. Puoi scegliere di proteggere i file di configurazione client utilizzando una password casuale.

```
VPN_PROTECT_CONFIG=yes
```

Nota: le variabili sopra non hanno effetto per la modalità IKEv2, se IKEv2 è già impostato nel contenitore Docker. In questo caso, puoi rimuovere IKEv2 e impostarlo di nuovo utilizzando opzioni personalizzate. Fai riferimento alla sezione 11.9 Configura e usa VPN IKEv2.

11.5.2 Avvia il server VPN IPsec

Crea un nuovo contenitore Docker da questa immagine (sostituisci ./vpn.env con il tuo file env):

```
docker run \
    --name ipsec-vpn-server \
    --env-file ./vpn.env \
    --restart=always \
    -v ikev2-vpn-data:/etc/ipsec.d \
    -v /lib/modules:/lib/modules:ro \
    -p 500:500/udp \
    -p 4500:4500/udp \
    -d --privileged \
    hwdsl2/ipsec-vpn-server
```

In questo comando, utilizziamo l'opzione -v di docker run per creare un nuovo volume Docker denominato ikev2-vpn-data e montarlo in /etc/ipsec.d nel contenitore. I dati correlati a IKEv2, come certificati e chiavi, persisteranno nel volume e, in seguito, quando sarà necessario ricreare il contenitore Docker, basterà specificare nuovamente lo stesso volume.

Si consiglia di abilitare IKEv2 quando si utilizza questa immagine. Tuttavia, se si preferisce non abilitare IKEv2 e utilizzare solo le modalità IPsec/L2TP e IPsec/XAuth ("Cisco IPsec") per connettersi alla VPN, rimuovere la prima opzione -v dal comando docker run sopra.

Nota: gli utenti avanzati possono anche eseguire senza modalità privilegiata. Consulta la sezione 12.2 per maggiori dettagli.

11.5.3 Recupera i dettagli di accesso VPN

Se non hai specificato un file env nel comando `docker run` sopra, `VPN_USER` verrà impostato di default su `vpnuser` e sia `VPN_IPSEC_PSK` che `VPN_PASSWORD` verranno generati casualmente. Per recuperarli, visualizza i log del contenitore:

```
docker logs ipsec-vpn-server
```

Cerca queste righe nell'output:

```
Connect to your new VPN with these details:

Server IP: your_vpn_server_ip
IPsec PSK: your_ipsec_pre_shared_key
Username: your_vpn_username
Password: your_vpn_password
```

L'output includerà anche i dettagli sulla modalità IKEv2, se abilitata.

(Facoltativo) Esegui il backup dei dettagli di accesso VPN generati (se presenti) nella directory corrente:

```
docker cp ipsec-vpn-server:/etc/ipsec.d/vpn-gen.env ./
```

11.6 Prossimi passi

Fai in modo che il tuo computer o dispositivo utilizzi la VPN. Consulta:

11.9 Configurare e utilizzare VPN IKEv2 (consigliato)
5 Configurare i client VPN IPsec/L2TP
6 Configurare i client VPN IPsec/XAuth ("Cisco IPsec")

Goditi la tua VPN personale!

11.7 Note importanti

Utenti Windows: per la modalità IPsec/L2TP, è richiesta una modifica del registro una tantum (consulta sezione 7.3.1) se il server o il client VPN si trova dietro NAT (ad esempio il router domestico).

Lo stesso account VPN può essere utilizzato da più dispositivi. Tuttavia, a causa di una limitazione IPsec/L2TP, se vuoi connettere più dispositivi da dietro lo stesso NAT (ad esempio il router di casa), devi utilizzare la modalità IKEv2 o IPsec/XAuth.

Se desideri aggiungere, modificare o rimuovere account utente VPN, aggiorna prima il tuo file env, quindi devi rimuovere e ricreare il contenitore Docker usando le istruzioni della sezione successiva. Gli utenti avanzati possono effettuare il bind mount del file env. Consulta la sezione 12.13 per maggiori dettagli.

Per i server con un firewall esterno (ad esempio EC2/GCE), apri le porte UDP 500 e 4500 per la VPN.

I client sono impostati per usare Google Public DNS quando la VPN è attiva. Se preferisci un altro provider DNS, consulta capitolo 12, Docker VPN: utilizzo avanzato.

11.8 Aggiorna l'immagine Docker

Per aggiornare l'immagine e il contenitore Docker, scarica prima la versione più recente:

```
docker pull hwdsl2/ipsec-vpn-server
```

Se l'immagine Docker è già aggiornata, dovresti vedere:

```
Status: Image is up to date for hwdsl2/ipsec-vpn-server:latest
```

Altrimenti, scaricherà la versione più recente. Per aggiornare il tuo contenitore Docker, prima annota tutti i dettagli di accesso VPN (vedi sezione 11.5.3). Quindi rimuovi il contenitore Docker con `docker rm -f ipsec-vpn-server`. Infine, ricrealo usando le istruzioni dalla sezione 11.5 Come usare questa immagine.

11.9 Configurare e utilizzare VPN IKEv2

La modalità IKEv2 presenta dei miglioramenti rispetto a IPsec/L2TP e IPsec/XAuth ("Cisco IPsec") e non richiede un IPsec PSK, username o password. Per saperne di più, leggi il capitolo 3, Guida: come configurare e usare IKEv2 VPN.

Per prima cosa, controlla i log del contenitore per visualizzare i dettagli per IKEv2:

```
docker logs ipsec-vpn-server
```

Nota: se non riesci a trovare i dettagli IKEv2, IKEv2 potrebbe non essere abilitato nel contenitore. Prova ad aggiornare l'immagine Docker e il contenitore utilizzando le istruzioni della sezione 11.8 Aggiorna immagine Docker.

Durante la configurazione IKEv2, viene creato un client IKEv2 (con nome predefinito vpnclient), con la sua configurazione esportata in /etc/ipsec.d **all'interno del contenitore**. Per copiare i file di configurazione nell'host Docker:

```
# Controlla il contenuto di /etc/ipsec.d nel contenitore
docker exec -it ipsec-vpn-server ls -l /etc/ipsec.d
# Esempio: copiare un file di configurazione client dal
# contenitore alla directory corrente sull'host Docker
docker cp ipsec-vpn-server:/etc/ipsec.d/vpnclient.p12 ./
```

Passaggi successivi: configura i tuoi dispositivi per utilizzare la VPN IKEv2. Consulta la sezione 3.2 per maggiori dettagli.

▼ Scopri come gestire i client IKEv2.

Puoi gestire i client IKEv2 usando lo script helper. Guarda gli esempi qui sotto. Per personalizzare le opzioni client, esegui lo script senza argomenti.

```
# Aggiungi un nuovo cliente (utilizzando le opzioni predefinite)
docker exec -it ipsec-vpn-server ikev2.sh \
  --addclient [nome client]
# Esporta la configurazione per un client esistente
```

```
docker exec -it ipsec-vpn-server ikev2.sh \
  --exportclient [nome client]
# Elenca i clienti esistenti
docker exec -it ipsec-vpn-server ikev2.sh --listclients
# Mostra utilizzo
docker exec -it ipsec-vpn-server ikev2.sh -h
```

Nota: se si verifica l'errore "file eseguibile non trovato", sostituire `ikev2.sh` con `/opt/src/ikev2.sh`.

▼ Scopri come modificare l'indirizzo del server IKEv2.

In alcune circostanze, potrebbe essere necessario modificare l'indirizzo del server IKEv2. Ad esempio, per passare all'utilizzo di un nome DNS o dopo modifiche dell'IP del server. Per modificare l'indirizzo del server IKEv2, aprire prima una shell bash all'interno del contenitore (consulta la sezione 12.12), quindi seguire le istruzioni nella sezione 3.4. Si noti che i log del contenitore non mostreranno il nuovo indirizzo del server IKEv2 finché non si riavvia il contenitore Docker.

▼ Rimuovere IKEv2 e configurarlo nuovamente utilizzando le opzioni personalizzate.

In determinate circostanze potrebbe essere necessario rimuovere IKEv2 e configurarlo nuovamente utilizzando opzioni personalizzate.

Attenzione: tutta la configurazione IKEv2, inclusi certificati e chiavi, verrà **eliminata definitivamente**. Questa operazione **non può essere annullata**!

Opzione 1: rimuovere IKEv2 e configurarlo nuovamente utilizzando lo script di supporto.

Tieni presente che questo sovrascriverà le variabili specificate nel file env, come `VPN_DNS_NAME` e `VPN_CLIENT_NAME`, e i registri del contenitore non mostreranno più informazioni aggiornate per IKEv2.

```
# Rimuovi IKEv2 ed elimina tutta la configurazione IKEv2
docker exec -it ipsec-vpn-server ikev2.sh --removeikev2
# Imposta nuovamente IKEv2 utilizzando opzioni personalizzate
docker exec -it ipsec-vpn-server ikev2.sh
```

Opzione 2: rimuovere `ikev2-vpn-data` e ricreare il contenitore.

1. Annota tutti i dettagli di accesso alla VPN (vedi sezione 11.5.3).
2. Rimuovere il contenitore Docker: `docker rm -f ipsec-vpn-server`.
3. Rimuovere il volume `ikev2-vpn-data`: `docker volume rm ikev2-vpn-data`.
4. Aggiorna il tuo file env e aggiungi opzioni IKEv2 personalizzate come `VPN_DNS_NAME` e `VPN_CLIENT_NAME`, quindi ricrea il contenitore. Fai riferimento alla sezione 11.5 Come usare questa immagine.

11.10 Dettagli tecnici

Sono in esecuzione due servizi: `Libreswan (pluto)` per la VPN IPsec e `xl2tpd` per il supporto L2TP.

La configurazione IPsec predefinita supporta:

- IPsec/L2TP con PSK
- IKEv1 con PSK e XAuth ("Cisco IPsec")
- IKEv2

Le porte esposte affinché questo contenitore funzioni sono:

- 4500/udp e 500/udp per IPsec

11.11 Esempio di file env VPN

```
# Nota: tutte le variabili di questa immagine sono facoltative.
# Per maggiori dettagli consulta la sezione 11.5.


# Definisci IPsec PSK, nome utente e password VPN
# - NON mettere "" o '' attorno ai valori, o aggiungere spazio
#   attorno a =
# - NON usare questi caratteri speciali nei valori: \ " '
VPN_IPSEC_PSK=your_ipsec_pre_shared_key
VPN_USER=your_vpn_username
VPN_PASSWORD=your_vpn_password


# Definisci utenti VPN aggiuntivi
```

```
# - NON mettere "" o '' attorno ai valori, o aggiungere spazio
#   attorno a =
# - NON usare questi caratteri speciali nei valori: \ " '
# - I nomi utente e le password devono essere separati da spazi
VPN_ADDL_USERS=additional_username_1 additional_username_2
VPN_ADDL_PASSWORDS=additional_password_1 additional_password_2


# Utilizzare un nome DNS per il server VPN
# - Il nome DNS deve essere un nome di dominio completamente
#   qualificato (FQDN)
VPN_DNS_NAME=vpn.example.com


# Specificare un nome per il primo client IKEv2
# - Usa una sola parola, nessun carattere speciale
#   eccetto '-' e '_'
# - Il valore predefinito è 'vpnclient' se non specificato
VPN_CLIENT_NAME=your_client_name


# Utilizzare server DNS alternativi
# - Per impostazione predefinita, i client sono impostati
#   per utilizzare Google Public DNS
# - L'esempio seguente mostra il servizio DNS di Cloudflare
VPN_DNS_SRV1=1.1.1.1
VPN_DNS_SRV2=1.0.0.1


# Proteggere i file di configurazione del client IKEv2
# utilizzando una password
# - Per impostazione predefinita, non è richiesta alcuna password
#   quando si importa la configurazione del client IKEv2
# - Imposta questa variabile se vuoi proteggere questi file
#   utilizzando una password casuale
VPN_PROTECT_CONFIG=yes
```

12 Docker VPN: utilizzo avanzato

12.1 Specificare server DNS alternativi

Per impostazione predefinita, i client sono impostati per utilizzare Google Public DNS quando la VPN è attiva. Se preferisci un altro provider DNS, definire VPN_DNS_SRV1 e facoltativamente VPN_DNS_SRV2 nel file env, quindi seguire le istruzioni nella sezione 11.8 per ricreare il contenitore Docker. Esempio:

```
VPN_DNS_SRV1=1.1.1.1
VPN_DNS_SRV2=1.0.0.1
```

Utilizzare VPN_DNS_SRV1 per specificare il server DNS primario e VPN_DNS_SRV2 per specificare il server DNS secondario (facoltativo). Per un elenco di alcuni provider DNS pubblici popolari, consulta la sezione 2.8 Personalizzare le opzioni VPN.

Tieni presente che se IKEv2 è già configurato nel contenitore Docker, dovrai anche modificare /etc/ipsec.d/ikev2.conf all'interno del contenitore Docker e sostituire 8.8.8.8 e 8.8.4.4 con i tuoi server DNS alternativi, quindi riavviare il contenitore Docker.

12.2 Esegui senza modalità privilegiata

Gli utenti avanzati possono creare un contenitore Docker da questa immagine senza utilizzare la modalità privilegiata (sostituendo ./vpn.env nel comando sottostante con il proprio file env).

Nota: se il tuo host Docker esegue CentOS Stream, Oracle Linux 8+, Rocky Linux o AlmaLinux, si consiglia di utilizzare la modalità privilegiata (vedi sezione 11.5.2). Se vuoi eseguire senza modalità privilegiata, **devi** eseguire modprobe ip_tables prima di creare il contenitore Docker e anche all'avvio.

```
docker run \
    --name ipsec-vpn-server \
    --env-file ./vpn.env \
```

```
--restart=always \
-v ikev2-vpn-data:/etc/ipsec.d \
-p 500:500/udp \
-p 4500:4500/udp \
-d --cap-add=NET_ADMIN \
--device=/dev/ppp \
--sysctl net.ipv4.ip_forward=1 \
--sysctl net.ipv4.conf.all.accept_redirects=0 \
--sysctl net.ipv4.conf.all.send_redirects=0 \
--sysctl net.ipv4.conf.all.rp_filter=0 \
--sysctl net.ipv4.conf.default.accept_redirects=0 \
--sysctl net.ipv4.conf.default.send_redirects=0 \
--sysctl net.ipv4.conf.default.rp_filter=0 \
hwdsl2/ipsec-vpn-server
```

Quando si esegue senza la modalità privilegiata, il contenitore non è in grado di modificare le impostazioni di `sysctl`. Ciò potrebbe influire su alcune funzionalità di questa immagine. Un problema noto è che la correzione MTU/MSS di Android/Linux (sezione 7.3.6) richiede anche l'aggiunta di `--sysctl net.ipv4.ip_no_pmtu_disc=1` al comando `docker run`. Se si verificano problemi, provare a ricreare il contenitore utilizzando la modalità privilegiata (consulta la sezione 11.5.2).

Dopo aver creato il contenitore Docker, consulta la sezione 11.5.3 Recuperare i dettagli di accesso VPN.

Allo stesso modo, se si utilizza Docker Compose, è possibile sostituire `privileged: true` in https://github.com/hwdsl2/docker-ipsec-vpn-server/blob/master/docker-compose.yml con:

```
cap_add:
  - NET_ADMIN
devices:
  - "/dev/ppp:/dev/ppp"
sysctls:
  - net.ipv4.ip_forward=1
  - net.ipv4.conf.all.accept_redirects=0
  - net.ipv4.conf.all.send_redirects=0
  - net.ipv4.conf.all.rp_filter=0
```

```
- net.ipv4.conf.default.accept_redirects=0
- net.ipv4.conf.default.send_redirects=0
- net.ipv4.conf.default.rp_filter=0
```

Per ulteriori informazioni, consulta il riferimento al file di composizione: https://docs.docker.com/compose/compose-file/

12.3 Seleziona le modalità VPN

Utilizzando questa immagine Docker, le modalità IPsec/L2TP e IPsec/XAuth ("Cisco IPsec") sono abilitate per impostazione predefinita. Inoltre, la modalità IKEv2 sarà abilitata se l'opzione `-v ikev2-vpn-data:/etc/ipsec.d` è specificata nel comando `docker run` quando si crea il contenitore Docker. Fare riferimento alla sezione 11.5.2.

Gli utenti avanzati possono disattivare selettivamente le modalità VPN impostando le seguenti variabili nel file env, quindi ricreando il contenitore Docker.

Disabilita la modalità IPsec/L2TP:

```
VPN_DISABLE_IPSEC_L2TP=yes
```

Disabilita la modalità IPsec/XAuth ("Cisco IPsec"):

```
VPN_DISABLE_IPSEC_XAUTH=yes
```

Disabilitare entrambe le modalità IPsec/L2TP e IPsec/XAuth:

```
VPN_IKEV2_ONLY=yes
```

12.4 Accedi ad altri contenitori sull'host Docker

Dopo essersi connessi alla VPN, i client VPN possono generalmente accedere ai servizi in esecuzione in altri container sullo stesso host Docker, senza ulteriori configurazioni.

Ad esempio, se il contenitore del server VPN IPsec ha IP 172.17.0.2 e un contenitore Nginx con IP 172.17.0.3 è in esecuzione sullo stesso host Docker, i client VPN possono usare IP 172.17.0.3 per accedere ai servizi sul contenitore Nginx. Per scoprire quale IP è assegnato a un contenitore, esegui `docker inspect [nome contenitore]`.

12.5 Specificare l'IP pubblico del server VPN

Su host Docker con più indirizzi IP pubblici, gli utenti avanzati possono specificare un IP pubblico per il server VPN utilizzando la variabile `VPN_PUBLIC_IP` nel file env, quindi ricreare il contenitore Docker. Ad esempio, se l'host Docker ha gli IP 192.0.2.1 e 192.0.2.2 e si desidera che il server VPN utilizzi 192.0.2.2:

```
VPN_PUBLIC_IP=192.0.2.2
```

Nota che questa variabile non ha effetto per la modalità IKEv2, se IKEv2 è già impostato nel contenitore Docker. In questo caso, puoi rimuovere IKEv2 e impostarlo di nuovo utilizzando opzioni personalizzate. Fai riferimento alla sezione 11.9 Configura e usa VPN IKEv2.

Potrebbe essere necessaria una configurazione aggiuntiva se si desidera che i client VPN utilizzino l'IP pubblico specificato come "IP in uscita" quando la connessione VPN è attiva e l'IP specificato NON è l'IP principale (o route predefinita) sull'host Docker. In questo caso, è possibile provare ad aggiungere una regola IPTables `SNAT` sull'host Docker. Per persistere dopo il riavvio, è possibile aggiungere il comando a `/etc/rc.local`.

Continuando con l'esempio precedente, se il contenitore Docker ha IP interno 172.17.0.2 (verificare tramite `docker inspect ipsec-vpn-server`), il nome dell'interfaccia di rete di Docker è `docker0` (verificare tramite `iptables -nvL -t nat`) e si desidera che l'"IP in uscita" sia 192.0.2.2:

```
iptables -t nat -I POSTROUTING -s 172.17.0.2 ! -o docker0 \
  -j SNAT --to 192.0.2.2
```

Per controllare l'"IP in uscita" di un client VPN connesso, puoi aprire un browser sul client e cercare l'indirizzo IP su Google.

12.6 Assegna IP statici ai client VPN

Quando ci si connette tramite la modalità IPsec/L2TP, il server VPN (contenitore Docker) ha l'IP interno 192.168.42.1 all'interno della subnet VPN 192.168.42.0/24. Ai client vengono assegnati gli IP interni da 192.168.42.10 a 192.168.42.250. Per verificare quale IP è assegnato a un client, visualizzare lo stato della connessione sul client VPN.

Quando ci si connette tramite la modalità IPsec/XAuth ("Cisco IPsec") o IKEv2, il server VPN (contenitore Docker) NON ha un IP interno nella subnet VPN 192.168.43.0/24. Ai client vengono assegnati IP interni da 192.168.43.10 a 192.168.43.250.

Gli utenti avanzati possono facoltativamente assegnare IP statici ai client VPN. La modalità IKEv2 NON supporta questa funzionalità. Per assegnare IP statici, dichiara la variabile VPN_ADDL_IP_ADDRS nel tuo file env, quindi ricrea il contenitore Docker. Esempio:

```
VPN_ADDL_USERS=user1 user2 user3 user4 user5
VPN_ADDL_PASSWORDS=pass1 pass2 pass3 pass4 pass5
VPN_ADDL_IP_ADDRS=* * 192.168.42.2 192.168.43.2
```

In questo esempio, assegniamo l'IP statico 192.168.42.2 per user3 per la modalità IPsec/L2TP e assegniamo l'IP statico 192.168.43.2 per user4 per la modalità IPsec/XAuth ("Cisco IPsec"). Gli IP interni per user1, user2 e user5 saranno assegnati automaticamente. L'IP interno per user3 per la modalità IPsec/XAuth e l'IP interno per user4 per la modalità IPsec/L2TP saranno anch'essi assegnati automaticamente. Puoi usare * per specificare gli IP assegnati automaticamente o mettere quegli utenti alla fine dell'elenco.

Gli IP statici specificati per la modalità IPsec/L2TP devono essere compresi nell'intervallo 192.168.42.2 e 192.168.42.9. Gli IP statici specificati per la modalità IPsec/XAuth ("Cisco IPsec") devono essere compresi nell'intervallo 192.168.43.2 e 192.168.43.9.

Se hai bisogno di assegnare più IP statici, devi ridurre il pool di indirizzi IP assegnati automaticamente. Esempio:

```
VPN_L2TP_POOL=192.168.42.100-192.168.42.250
VPN_XAUTH_POOL=192.168.43.100-192.168.43.250
```

Ciò consentirà di assegnare IP statici nell'intervallo da 192.168.42.2 a 192.168.42.99 per la modalità IPsec/L2TP e nell'intervallo da 192.168.43.2 a 192.168.43.99 per la modalità IPsec/XAuth ("Cisco IPsec").

Nota che se specifichi VPN_XAUTH_POOL nel file env e IKEv2 è già impostato nel contenitore Docker, **devi** modificare manualmente /etc/ipsec.d/ikev2.conf all'interno del contenitore e sostituire rightaddresspool=192.168.43.10-192.168.43.250 con lo **stesso valore** di VPN_XAUTH_POOL, prima di ricreare il contenitore Docker. In caso contrario, IKEv2 potrebbe smettere di funzionare.

Nota: nel file env, NON inserire "" o '' attorno ai valori, né aggiungere spazi attorno a =. NON usare questi caratteri speciali all'interno dei valori: \ " '.

12.7 Personalizza le subnet VPN interne

Per impostazione predefinita, i client VPN IPsec/L2TP utilizzeranno la subnet VPN interna 192.168.42.0/24, mentre i client VPN IPsec/XAuth ("Cisco IPsec") e IKEv2 utilizzeranno la subnet VPN interna 192.168.43.0/24. Per maggiori dettagli, consulta la sezione precedente.

Per la maggior parte dei casi d'uso, NON è necessario e NON è consigliato personalizzare queste subnet. Se il tuo caso d'uso lo richiede, tuttavia, puoi specificare subnet personalizzate nel tuo file env, quindi devi ricreare il contenitore Docker.

```
# Esempio: specificare la subnet VPN personalizzata
#          per la modalità IPsec/L2TP
# Nota: è necessario specificare tutte e tre le variabili.
VPN_L2TP_NET=10.1.0.0/16
VPN_L2TP_LOCAL=10.1.0.1
VPN_L2TP_POOL=10.1.0.10-10.1.254.254

# Esempio: specificare la subnet VPN personalizzata
#          per le modalità IPsec/XAuth e IKEv2
# Nota: è necessario specificare entrambe le variabili.
VPN_XAUTH_NET=10.2.0.0/16
VPN_XAUTH_POOL=10.2.0.10-10.2.254.254
```

Nota: nel file env, NON inserire "" o ' ' attorno ai valori, né aggiungere spazi attorno a =.

Negli esempi precedenti, `VPN_L2TP_LOCAL` è l'IP interno del server VPN per la modalità IPsec/L2TP. `VPN_L2TP_POOL` e `VPN_XAUTH_POOL` sono i pool di indirizzi IP assegnati automaticamente per i client VPN.

Nota che se specifichi `VPN_XAUTH_POOL` nel file env e IKEv2 è già impostato nel contenitore Docker, **devi** modificare manualmente `/etc/ipsec.d/ikev2.conf` all'interno del contenitore e sostituire `rightaddresspool=192.168.43.10–192.168.43.250` con lo **stesso valore** di `VPN_XAUTH_POOL`, prima di ricreare il contenitore Docker. In caso contrario, IKEv2 potrebbe smettere di funzionare.

12.8 Informazioni sulla modalità di rete host

Gli utenti avanzati possono eseguire questa immagine in modalità di rete host (https://docs.docker.com/network/host/), aggiungendo `--network=host` al comando `docker run`.

La modalità di rete host NON è consigliata per questa immagine, a meno che il tuo caso d'uso non lo richieda. In questa modalità, lo stack di rete del contenitore non è isolato dall'host Docker e i client VPN potrebbero essere in grado di accedere a porte o servizi sull'host Docker utilizzando il suo IP VPN interno `192.168.42.1` dopo essersi connessi tramite la modalità IPsec/L2TP. Nota che dovrai pulire manualmente le modifiche alle regole IPTables e alle impostazioni sysctl tramite run.sh (https://github.com/hwdsl2/docker-ipsec-vpn-server/blob/master/run.sh) o riavviare il server quando non utilizzi più questa immagine.

Alcuni sistemi operativi host Docker, come Debian 10, non possono eseguire questa immagine in modalità di rete host a causa dell'utilizzo di nftables.

12.9 Abilita i log di Libreswan

Per mantenere piccola l'immagine Docker, i log di Libreswan (IPsec) non sono abilitati di default. Se devi abilitarli per scopi di risoluzione dei problemi, avvia prima una sessione Bash nel contenitore in esecuzione:

```
docker exec -it ipsec-vpn-server env TERM=xterm bash -l
```

Quindi esegui i seguenti comandi:

```
# Per l'immagine basate su Alpine
apk add --no-cache rsyslog
rsyslogd
rc-service ipsec stop; rc-service -D ipsec start >/dev/null 2>&1
sed -i '\|pluto\.pid|a rm -f /var/run/rsyslogd.pid; rsyslogd' \
  /opt/src/run.sh
exit
# Per l'immagine basata su Debian
apt-get update && apt-get -y install rsyslog
rsyslogd
service ipsec restart
sed -i '\|pluto\.pid|a rm -f /var/run/rsyslogd.pid; rsyslogd' \
  /opt/src/run.sh
exit
```

Nota: l'errore `rsyslogd: imklog: impossibile aprire il registro del kernel` è normale se si utilizza questa immagine Docker senza modalità privilegiata.

Una volta terminato, puoi controllare i log di Libreswan con:

```
docker exec -it ipsec-vpn-server grep pluto /var/log/auth.log
```

Per controllare i log di xl2tpd, esegui `docker logs ipsec-vpn-server`.

12.10 Controlla lo stato del server

Controllare lo stato del server VPN IPsec:

```
docker exec -it ipsec-vpn-server ipsec status
```

Mostra le connessioni VPN attualmente stabilite:

```
docker exec -it ipsec-vpn-server ipsec trafficstatus
```

12.11 Compila dal codice sorgente

Gli utenti avanzati possono scaricare e compilare il codice sorgente da GitHub:

```
git clone https://github.com/hwdsl2/docker-ipsec-vpn-server
cd docker-ipsec-vpn-server
# Per creare un'immagine basata su Alpine
docker build -t hwdsl2/ipsec-vpn-server .
# Per creare un'immagine basata su Debian
docker build -f Dockerfile.debian \
  -t hwdsl2/ipsec-vpn-server:debian .
```

Oppure usa questo se non modifichi il codice sorgente:

```
# Per creare un'immagine basata su Alpine
docker build -t hwdsl2/ipsec-vpn-server \
  github.com/hwdsl2/docker-ipsec-vpn-server
# Per creare un'immagine basata su Debian
docker build -f Dockerfile.debian \
  -t hwdsl2/ipsec-vpn-server:debian \
  github.com/hwdsl2/docker-ipsec-vpn-server
```

12.12 Shell Bash all'interno del contenitore

Per avviare una sessione Bash nel contenitore in esecuzione:

```
docker exec -it ipsec-vpn-server env TERM=xterm bash -l
```

(Facoltativo) Installa l'editor nano:

```
# Per l'immagine basato su Alpine
apk add --no-cache nano
# Per l'immagine basata su Debian
apt-get update && apt-get -y install nano
```

Quindi esegui i tuoi comandi all'interno del contenitore. Quando hai finito, esci dal contenitore e riavvia se necessario:

```
exit
docker restart ipsec-vpn-server
```

12.13 Esegui il mount del file env

In alternativa all'opzione --env-file, gli utenti avanzati possono effettuare il mount del file env. Il vantaggio di questo metodo è che dopo aver aggiornato il file env, puoi riavviare il contenitore Docker per renderlo effettivo anziché ricrearlo. Per utilizzare questo metodo, devi prima modificare il tuo file env e utilizzare virgolette singole '' per racchiudere i valori di tutte le variabili. Quindi (ri-)crea il contenitore Docker (sostituisci il primo vpn.env con il tuo file env):

```
docker run \
    --name ipsec-vpn-server \
    --restart=always \
    -v "$(pwd)/vpn.env:/opt/src/env/vpn.env:ro" \
    -v ikev2-vpn-data:/etc/ipsec.d \
    -v /lib/modules:/lib/modules:ro \
    -p 500:500/udp \
    -p 4500:4500/udp \
    -d --privileged \
    hwdsl2/ipsec-vpn-server
```

12.14 Tunneling diviso per IKEv2

Con lo split tunneling, i client VPN invieranno solo traffico per una specifica subnet di destinazione attraverso il tunnel VPN. Altro traffico NON passerà attraverso il tunnel VPN. Ciò ti consente di ottenere un accesso sicuro a una rete tramite la tua VPN, senza instradare tutto il traffico del tuo client attraverso la VPN. Lo split tunneling ha alcune limitazioni e non è supportato da tutti i client VPN.

Gli utenti avanzati possono facoltativamente abilitare lo split tunneling per la modalità IKEv2. Aggiungi la variabile VPN_SPLIT_IKEV2 al tuo file env, quindi ricrea il contenitore Docker. Ad esempio, se la subnet di destinazione è 10.123.123.0/24:

```
VPN_SPLIT_IKEV2=10.123.123.0/24
```

Nota che questa variabile non ha effetto se IKEv2 è già impostato nel contenitore Docker. In questo caso, hai due opzioni:

Opzione 1: innanzitutto avvia una shell Bash all'interno del contenitore (vedi sezione 12.12), quindi modifica `/etc/ipsec.d/ikev2.conf` e sostituisci `leftsubnet=0.0.0.0/0` con la subnet desiderata. Al termine, `exit` dal contenitore ed esegui `docker restart ipsec-vpn-server`.

Opzione 2: rimuovi sia il contenitore Docker che il volume `ikev2-vpn-data`, quindi ricrea il contenitore Docker. Tutta la configurazione VPN verrà **eliminata definitivamente**. Fai riferimento a "rimuovi IKEv2" nella sezione 11.9 Configura e usa VPN IKEv2.

In alternativa, gli utenti Windows possono abilitare lo split tunneling aggiungendo manualmente i percorsi. Per maggiori dettagli, consulta la sezione 8.7 Split tunneling.

13 Crea il tuo server OpenVPN

Visualizza questo progetto sul web: https://github.com/hwdsl2/openvpn-install

Utilizza questo script di installazione del server OpenVPN per configurare il tuo server VPN in pochi minuti, anche se non hai mai utilizzato OpenVPN prima. OpenVPN è un protocollo VPN open source, robusto e altamente flessibile.

Questo script supporta Ubuntu, Debian, AlmaLinux, Rocky Linux, CentOS, Fedora, openSUSE, Amazon Linux 2 e Raspberry Pi OS.

13.1 Caratteristiche

- Configurazione del server OpenVPN completamente automatizzata, nessun input utente necessario
- Supporta l'installazione interattiva utilizzando opzioni personalizzate
- Genera profili VPN per configurare automaticamente i dispositivi Windows, macOS, iOS e Android
- Supporta la gestione degli utenti e dei certificati OpenVPN
- Ottimizza le impostazioni `sysctl` per migliorare le prestazioni VPN

13.2 Installazione

Per prima cosa, scarica lo script sul tuo server Linux*:

```
wget -O openvpn.sh https://get.vpnsetup.net/ovpn
```

* Un server cloud, un server privato virtuale (VPS) o un server dedicato.

Opzione 1: installare automaticamente OpenVPN utilizzando le opzioni predefinite.

```
sudo bash openvpn.sh --auto
```

Per i server con un firewall esterno (ad esempio EC2/GCE), apri la porta UDP 1194 per la VPN.

Esempio di output:

```
$ sudo bash openvpn.sh --auto

OpenVPN Script
https://github.com/hwdsl2/openvpn-install

Starting OpenVPN setup using default options.

Server IP: 192.0.2.1
Port: UDP/1194
Client name: client
Client DNS: Google Public DNS

Installing OpenVPN, please wait...
+ apt-get -yqq update
+ apt-get -yqq --no-install-recommends install openvpn
+ apt-get -yqq install openssl ca-certificates
+ ./easyrsa --batch init-pki
+ ./easyrsa --batch build-ca nopass
+ ./easyrsa --batch --days=3650 build-server-full server nopass
+ ./easyrsa --batch --days=3650 build-client-full client nopass
+ ./easyrsa --batch --days=3650 gen-crl
+ openvpn --genkey --secret /etc/openvpn/server/tc.key
+ systemctl enable --now openvpn-iptables.service
+ systemctl enable --now openvpn-server@server.service

Finished!


The client configuration is available in: /root/client.ovpn
New clients can be added by running this script again.
```

Dopo la configurazione, puoi eseguire nuovamente lo script per gestire gli utenti o disinstallare OpenVPN.

Passaggi successivi: fai in modo che il tuo computer o dispositivo utilizzi la VPN. Consulta:

14 Configurare i client OpenVPN

Goditi la tua VPN personale!

Opzione 2: installazione interattiva utilizzando opzioni personalizzate.

```
sudo bash openvpn.sh
```

Puoi personalizzare le seguenti opzioni: nome DNS del server VPN, protocollo (TCP/UDP) e porta, server DNS per i client VPN e nome del primo client.

Per i server con un firewall esterno, apri la porta TCP o UDP selezionata per la VPN.

Passaggi di esempio (sostituire con i propri valori):

Nota: queste opzioni potrebbero cambiare nelle versioni più recenti dello script. Leggi attentamente prima di selezionare l'opzione desiderata.

```
$ sudo bash openvpn.sh

Welcome to this OpenVPN server installer!
GitHub: https://github.com/hwdsl2/openvpn-install

I need to ask you a few questions before starting setup. You can
use the default options and just press enter if you are OK with
them.
```

Inserisci il nome DNS del server VPN:

```
Do you want OpenVPN clients to connect to this server using a DNS
name, e.g. vpn.example.com, instead of its IP address? [y/N] y

Enter the DNS name of this VPN server: vpn.example.com
```

Seleziona protocollo e porta per OpenVPN:

```
Which protocol should OpenVPN use?
   1) UDP (recommended)
   2) TCP
Protocol [1]:
```

```
Which port should OpenVPN listen to?
Port [1194]:
```

Seleziona server DNS:

```
Select a DNS server for the clients:
    1) Current system resolvers
    2) Google Public DNS
    3) Cloudflare DNS
    4) OpenDNS
    5) Quad9
    6) AdGuard DNS
    7) Custom
DNS server [2]:
```

Fornisci un nome per il primo client:

```
Enter a name for the first client:
Name [client]:
```

Conferma e avvia l'installazione di OpenVPN:

```
OpenVPN installation is ready to begin.
Do you want to continue? [Y/n]
```

▼ Se non riesci a scaricare, segui i passaggi indicati di seguito.

Puoi anche usare `curl` per scaricare:

```
curl -fL -o openvpn.sh https://get.vpnsetup.net/ovpn
```

Quindi seguire le istruzioni riportate sopra per l'installazione.

URL di download alternativi:

```
https://github.com/hwdsl2/openvpn-install/raw/master/openvpn-
install.sh
https://gitlab.com/hwdsl2/openvpn-install/-/raw/master/openvpn-
install.sh
```

▼ Avanzate: installazione automatica tramite opzioni personalizzate.

Gli utenti avanzati possono installare automaticamente OpenVPN utilizzando opzioni personalizzate, specificando le opzioni della riga di comando quando si esegue lo script. Per maggiori dettagli, esegui:

```
sudo bash openvpn.sh -h
```

In alternativa, puoi fornire un "documento qui" Bash come input allo script di installazione. Questo metodo può anche essere utilizzato per fornire input per gestire gli utenti dopo l'installazione.

Per prima cosa, installa OpenVPN in modo interattivo utilizzando le opzioni personalizzate e annota tutti gli input nello script.

```
sudo bash openvpn.sh
```

Se è necessario rimuovere OpenVPN, esegui nuovamente lo script e seleziona l'opzione appropriata.

Successivamente, crea il comando di installazione personalizzato utilizzando i tuoi input. Esempio:

```
sudo bash openvpn.sh <<ANSWERS
n
1
1194
2
client
y
ANSWERS
```

Nota: le opzioni di installazione potrebbero cambiare nelle versioni future dello script.

13.3 Prossimi passi

Dopo la configurazione, puoi eseguire nuovamente lo script per gestire gli utenti o disinstallare OpenVPN.

Fai in modo che il tuo computer o dispositivo utilizzi la VPN. Consulta:

14 Configurare i client OpenVPN

Goditi la tua VPN personale!

14 Configurare i client OpenVPN

I client OpenVPN (https://openvpn.net/vpn-client/) sono disponibili per Windows, macOS, iOS e Android. Gli utenti macOS possono anche usare Tunnelblick (https://tunnelblick.net).

Per aggiungere una connessione VPN, prima trasferisci in modo sicuro il file `.ovpn` generato sul tuo dispositivo, quindi apri l'app OpenVPN e importa il profilo VPN.

Per gestire i client OpenVPN, esegui di nuovo lo script di installazione: `sudo bash openvpn.sh`. Consulta il capitolo 15 per maggiori dettagli.

- Piattaforme
  - Windows
  - macOS
  - Android
  - iOS (iPhone/iPad)

Client OpenVPN: https://openvpn.net/vpn-client/

14.1 Windows

1. Trasferisci in modo sicuro il file `.ovpn` generato sul tuo computer.
2. Installa e avvia il client VPN **OpenVPN Connect**.
3. Nella schermata **Get connected**, fai clic sulla scheda **Upload file**.
4. Trascina e rilascia il file `.ovpn` nella finestra oppure cerca e seleziona il file `.ovpn`, quindi fai clic su **Apri**.
5. Fai clic su **Connect**.

14.2 macOS

1. Trasferisci in modo sicuro il file `.ovpn` generato sul tuo computer.
2. Installa e avvia Tunnelblick (https://tunnelblick.net).
3. Nella schermata di benvenuto, fai clic su **Possiedo un file di Configurazione**.

4. Nella schermata **Aggiungi una configurazione**, fai clic su **OK**.

5. Fai clic sull'icona Tunnelblick nella barra dei menu, quindi seleziona **Dettagli VPN**.

6. Trascina e rilascia il file `.ovpn` nella finestra **Configurazioni** (riquadro a sinistra).

7. Segui le istruzioni sullo schermo per installare il profilo OpenVPN.

8. Fai clic su **Connetti**.

14.3 Android

1. Trasferisci in modo sicuro il file `.ovpn` generato sul tuo dispositivo Android.

2. Installa e avvia **OpenVPN Connect** da **Google Play**.

3. Nella schermata **Get connected**, tocca la scheda **Upload file**.

4. Tocca **Browse**, quindi cerca e seleziona il file `.ovpn`.
   Nota: per trovare il file `.ovpn`, tocca il pulsante del menu a tre righe, quindi cerca la posizione in cui hai salvato il file.

5. Nella schermata **Imported Profile**, tocca **Connect**.

14.4 iOS (iPhone/iPad)

Per prima cosa, installa e avvia **OpenVPN Connect** dall'**App Store**. Quindi trasferisci in modo sicuro il file `.ovpn` generato sul tuo dispositivo iOS. Per trasferire il file, puoi:

1. Inviare il file tramite AirDrop e aprirlo con OpenVPN, oppure

2. Caricarlo sul tuo dispositivo (cartella dell'app OpenVPN) usando condivisione file (https://support.apple.com/it-it/119585), quindi avviare l'app OpenVPN Connect e toccare la scheda **File**.

Al termine, tocca **Add** per importare il profilo VPN, quindi tocca **Connect**.

Per personalizzare le impostazioni per l'app OpenVPN Connect, tocca il pulsante del menu a tre linee, quindi tocca **Settings**.

15 OpenVPN: gestire i client VPN

Dopo aver configurato OpenVPN sul tuo server, puoi gestire i client OpenVPN seguendo le istruzioni in questo capitolo. Ad esempio, puoi aggiungere nuovi client VPN sul server per i tuoi computer e dispositivi mobili aggiuntivi, elencare i client esistenti o esportare la configurazione per un client esistente.

Per gestire i client OpenVPN, connettiti prima al tuo server tramite SSH, quindi esegui:

```
sudo bash openvpn.sh
```

Vedrai le seguenti opzioni:

```
OpenVPN is already installed.

Select an option:
  1) Add a new client
  2) Export config for an existing client
  3) List existing clients
  4) Revoke an existing client
  5) Remove OpenVPN
  6) Exit
```

Puoi quindi immettere l'opzione desiderata per aggiungere, esportare, elencare o revocare i client OpenVPN.

Nota: queste opzioni potrebbero cambiare nelle versioni più recenti dello script. Leggi attentamente prima di selezionare l'opzione desiderata.

In alternativa, puoi eseguire `openvpn.sh` con le opzioni della riga di comando. Vedi sotto per i dettagli.

15.1 Aggiungere un nuovo client

Per aggiungere un nuovo client OpenVPN:

1. Seleziona l'opzione 1 dal menu, digitando 1 e premendo Invio.
2. Fornisci un nome per il nuovo client.

In alternativa, puoi eseguire `openvpn.sh` con l'opzione `--addclient`. Utilizza l'opzione `-h` per mostrare l'utilizzo.

```
sudo bash openvpn.sh --addclient [nome client]
```

Passaggi successivi: configurare i client OpenVPN. Consulta il capitolo 14 per maggiori dettagli.

15.2 Esportare un client esistente

Per esportare la configurazione OpenVPN per un client esistente:

1. Seleziona l'opzione 2 dal menu, digitando 2 e premendo Invio.
2. Dall'elenco dei client esistenti, seleziona il client che vuoi esportare.

In alternativa, puoi eseguire `openvpn.sh` con l'opzione `--exportclient`.

```
sudo bash openvpn.sh --exportclient [nome client]
```

15.3 Elencare i client esistenti

Seleziona l'opzione 3 dal menu, digitando 3 e premendo Invio. Lo script visualizzerà quindi un elenco dei client OpenVPN esistenti.

In alternativa, puoi eseguire `openvpn.sh` con l'opzione `--listclients`.

```
sudo bash openvpn.sh --listclients
```

15.4 Revocare un client

In determinate circostanze, potrebbe essere necessario revocare un certificato client OpenVPN generato in precedenza.

1. Seleziona l'opzione 4 dal menu, digitando 4 e premendo Invio.
2. Dall'elenco dei client esistenti, seleziona il client che desideri revocare.
3. Conferma la revoca del client.

In alternativa, puoi eseguire `openvpn.sh` con l'opzione `--revokeclient`.

```
sudo bash openvpn.sh --revokeclient [nome client]
```

16 Crea il tuo server VPN WireGuard

Visualizza questo progetto sul web: https://github.com/hwdsl2/wireguard-install

Utilizza questo script di installazione del server VPN WireGuard per configurare il tuo server VPN in pochi minuti, anche se non hai mai utilizzato WireGuard prima. WireGuard è una VPN veloce e moderna progettata con l'obiettivo di semplicità d'uso e alte prestazioni.

Questo script supporta Ubuntu, Debian, AlmaLinux, Rocky Linux, CentOS, Fedora, openSUSE e Raspberry Pi OS.

16.1 Caratteristiche

- Configurazione del server VPN WireGuard completamente automatizzata, senza alcun input da parte dell'utente
- Supporta l'installazione interattiva utilizzando opzioni personalizzate
- Genera profili VPN per configurare automaticamente i dispositivi Windows, macOS, iOS e Android
- Supporta la gestione degli utenti VPN WireGuard
- Ottimizza le impostazioni `sysctl` per migliorare le prestazioni VPN

16.2 Installazione

Per prima cosa, scarica lo script sul tuo server Linux*:

```
wget -O wireguard.sh https://get.vpnsetup.net/wg
```

* Un server cloud, un server privato virtuale (VPS) o un server dedicato.

Opzione 1: installare automaticamente WireGuard utilizzando le opzioni predefinite.

```
sudo bash wireguard.sh --auto
```

Per i server con un firewall esterno (ad esempio EC2/GCE), apri la porta UDP 51820 per la VPN.

135

Esempio di output:

```
$ sudo bash wireguard.sh --auto

WireGuard Script
https://github.com/hwdsl2/wireguard-install

Starting WireGuard setup using default options.

Server IP: 192.0.2.1
Port: UDP/51820
Client name: client
Client DNS: Google Public DNS

Installing WireGuard, please wait...
+ apt-get -yqq update
+ apt-get -yqq install wireguard qrencode
+ systemctl enable --now wg-iptables.service
+ systemctl enable --now wg-quick@wg0.service


 -----------------------------------
| Codice QR per la configurazione |
| del client                      |
 -----------------------------------
↑ That is a QR code containing the client configuration.

Finished!

The client configuration is available in: /root/client.conf
New clients can be added by running this script again.
```

Dopo la configurazione, puoi eseguire nuovamente lo script per gestire gli utenti o disinstallare WireGuard.

Passaggi successivi: fai in modo che il tuo computer o dispositivo utilizzi la VPN. Consulta:

17 Configurare i client VPN WireGuard

Goditi la tua VPN personale!

Opzione 2: installazione interattiva utilizzando opzioni personalizzate.

```
sudo bash wireguard.sh
```

Puoi personalizzare le seguenti opzioni: nome DNS del server VPN, porta UDP, server DNS per i client VPN e nome del primo client.

Per i server con un firewall esterno, apri la porta UDP selezionata per la VPN.

Passaggi di esempio (sostituire con i propri valori):

Nota: queste opzioni potrebbero cambiare nelle versioni più recenti dello script. Leggi attentamente prima di selezionare l'opzione desiderata.

```
$ sudo bash wireguard.sh


Welcome to this WireGuard server installer!
GitHub: https://github.com/hwdsl2/wireguard-install


I need to ask you a few questions before starting setup. You can
use the default options and just press enter if you are OK with
them.
```

Inserisci il nome DNS del server VPN:

```
Do you want WireGuard VPN clients to connect to this server using
a DNS name, e.g. vpn.example.com, instead of its IP address? [y/N]
y


Enter the DNS name of this VPN server: vpn.example.com
```

Seleziona una porta UDP per WireGuard:

```
Which port should WireGuard listen to?
Port [51820]:
```

Fornisci un nome per il primo client:

```
Enter a name for the first client:
Name [client]:
```

Seleziona server DNS:

```
Select a DNS server for the client:
    1) Current system resolvers
    2) Google Public DNS
    3) Cloudflare DNS
    4) OpenDNS
    5) Quad9
    6) AdGuard DNS
    7) Custom
DNS server [2]:
```

Conferma e avvia l'installazione di WireGuard:

```
WireGuard installation is ready to begin.
Do you want to continue? [Y/n]
```

▼ Se non riesci a scaricare, segui i passaggi indicati di seguito.

Puoi anche usare `curl` per scaricare:

```
curl -fL -o wireguard.sh https://get.vpnsetup.net/wg
```

Quindi seguire le istruzioni riportate sopra per l'installazione.

URL di download alternativi:

```
https://github.com/hwdsl2/wireguard-install/raw/master/wireguard-
install.sh
https://gitlab.com/hwdsl2/wireguard-
install/-/raw/master/wireguard-install.sh
```

▼ Avanzate: installazione automatica tramite opzioni personalizzate.

Gli utenti avanzati possono installare automaticamente WireGuard utilizzando opzioni personalizzate, specificando le opzioni della riga di comando quando si esegue lo script. Per maggiori dettagli, esegui:

```
sudo bash wireguard.sh -h
```

In alternativa, puoi fornire un "documento qui" Bash come input allo script di installazione. Questo metodo può anche essere utilizzato per fornire input per gestire gli utenti dopo l'installazione.

Per prima cosa, installa WireGuard in modo interattivo utilizzando le opzioni personalizzate e annota tutti gli input nello script.

```
sudo bash wireguard.sh
```

Se è necessario rimuovere WireGuard, esegui nuovamente lo script e seleziona l'opzione appropriata.

Successivamente, crea il comando di installazione personalizzato utilizzando i tuoi input. Esempio:

```
sudo bash wireguard.sh <<ANSWERS
n
51820
client
2
y
ANSWERS
```

Nota: le opzioni di installazione potrebbero cambiare nelle versioni future dello script.

16.3 Prossimi passi

Dopo la configurazione, puoi eseguire nuovamente lo script per gestire gli utenti o disinstallare WireGuard.

Fai in modo che il tuo computer o dispositivo utilizzi la VPN. Consulta:

17 Configurare i client VPN WireGuard

Goditi la tua VPN personale!

17 Configurare i client VPN WireGuard

I client VPN WireGuard sono disponibili per Windows, macOS, iOS e Android:

https://www.wireguard.com/install/

Per aggiungere una connessione VPN, apri l'app WireGuard sul tuo dispositivo mobile, tocca il pulsante "Aggiungi", quindi scansiona il codice QR generato nell'output dello script.

Per Windows e macOS, prima trasferisci in modo sicuro il file `.conf` generato sul tuo computer, quindi apri WireGuard e importa il file.

Per gestire i client VPN WireGuard, esegui di nuovo lo script di installazione: `sudo bash wireguard.sh`. Consulta il capitolo 18 per maggiori dettagli.

- Piattaforme
    - Windows
    - macOS
    - Android
    - iOS (iPhone/iPad)

Client VPN WireGuard:
https://www.wireguard.com/install/

17.1 Windows

1. Trasferisci in modo sicuro il file `.conf` generato sul tuo computer.
2. Installa e avvia il client VPN **WireGuard**.
3. Fai clic su **Importa tunnel da file**.
4. Cerca e seleziona il file `.conf`, quindi fai clic su **Apri**.
5. Fai clic su **Attiva**.

17.2 macOS

1. Trasferisci in modo sicuro il file `.conf` generato sul tuo computer.

2. Installa e avvia l'app **WireGuard** dall'**App Store**.

3. Fai clic su **Importa tunnel da file**.

4. Cerca e seleziona il file .conf, quindi fai clic su **Importa**.

5. Fai clic su **Attivato**.

17.3 Android

1. Installa e avvia l'app **WireGuard** da **Google Play**.

2. Tocca il pulsante "+", quindi tocca **Scansiona da codice QR**.

3. Esegui la scansione del codice QR generato nell'output dello script VPN.

4. Inserisci qualsiasi cosa desideri per **Nome tunnel**.

5. Tocca **Crea tunnel**.

6. Fai scorrere l'interruttore su ON per il nuovo profilo VPN.

17.4 iOS (iPhone/iPad)

1. Installa e avvia l'app **WireGuard** da **App Store**.

2. Tocca **Aggiungi un túnnel**, quindi tocca **Crea da codice QR**.

3. Esegui la scansione del codice QR generato nell'output dello script VPN.

4. Inserisci qualsiasi cosa desideri per il nome tunnel.

5. Tocca **Salva**.

6. Fai scorrere l'interruttore su ON per il nuovo profilo VPN.

18 WireGuard: gestire i client VPN

Dopo aver configurato WireGuard sul tuo server, puoi gestire i client VPN WireGuard seguendo le istruzioni in questo capitolo. Ad esempio, puoi aggiungere nuovi client VPN sul server per i tuoi computer e dispositivi mobili aggiuntivi, elencare i client esistenti o rimuovere un client esistente.

Per gestire i client VPN WireGuard, connettiti prima al tuo server tramite SSH, quindi esegui:

```
sudo bash wireguard.sh
```

Vedrai le seguenti opzioni:

```
WireGuard is already installed.

Select an option:
  1) Add a new client
  2) List existing clients
  3) Remove an existing client
  4) Show QR code for a client
  5) Remove WireGuard
  6) Exit
```

Puoi quindi immettere l'opzione desiderata per aggiungere, elencare o rimuovere i client VPN WireGuard.

Nota: queste opzioni potrebbero cambiare nelle versioni più recenti dello script. Leggi attentamente prima di selezionare l'opzione desiderata.

In alternativa, puoi eseguire `wireguard.sh` con le opzioni della riga di comando. Vedi sotto per i dettagli.

18.1 Aggiungere un nuovo client

Per aggiungere un nuovo client VPN WireGuard:

1. Seleziona l'opzione 1 dal menu, digitando 1 e premendo Invio.

2. Fornisci un nome per il nuovo client.
3. Seleziona un server DNS per il nuovo client, che verrà utilizzato durante la connessione alla VPN.

In alternativa, puoi eseguire `wireguard.sh` con l'opzione `--addclient`. Utilizza l'opzione `-h` per mostrare l'utilizzo.

```
sudo bash wireguard.sh --addclient [nome client]
```

Passaggi successivi: configurare i client VPN WireGuard. Consulta il capitolo 17 per maggiori dettagli.

18.2 Elencare i client esistenti

Seleziona l'opzione 2 dal menu, digitando 2 e premendo Invio. Lo script visualizzerà quindi un elenco dei client VPN WireGuard esistenti.

In alternativa, puoi eseguire `wireguard.sh` con l'opzione `--listclients`.

```
sudo bash wireguard.sh --listclients
```

18.3 Rimuovere un client

Per rimuovere un client VPN WireGuard esistente:

1. Seleziona l'opzione 3 dal menu, digitando 3 e premendo Invio.
2. Dall'elenco dei client esistenti, seleziona il client che vuoi rimuovere.
3. Conferma la rimozione del client.

In alternativa, puoi eseguire `wireguard.sh` con l'opzione `--removeclient`.

```
sudo bash wireguard.sh --removeclient [nome client]
```

18.4 Mostrare il codice QR per un client

Per mostrare il codice QR per un client esistente:

1. Seleziona l'opzione 4 dal menu, digitando 4 e premendo Invio.
2. Dall'elenco dei client esistenti, seleziona il client per cui vuoi mostrare il codice QR.

In alternativa, puoi eseguire `wireguard.sh` con l'opzione `--showclientqr`.

```
sudo bash wireguard.sh --showclientqr [nome client]
```

Puoi usare i codici QR per configurare i client VPN WireGuard per Android e iOS. Consulta il capitolo 17 per maggiori dettagli.

Informazioni sull'autore

Lin Song, PhD, è un ingegnere informatico e sviluppatore open source. Ha creato e gestisce i progetti Setup IPsec VPN su GitHub dal 2014, per creare il tuo server VPN in pochi minuti. I progetti hanno più di 20.000 stelle GitHub e più di 30 milioni di Docker pull, e hanno aiutato milioni di utenti a creare i propri server VPN.

Connettiti con Lin Song
GitHub: https://github.com/hwdsl2
LinkedIn: https://www.linkedin.com/in/linsongui

Grazie per la lettura! Spero che tu possa trarre il meglio da questo libro. Se ti è stato utile ti sarei molto grato se lasciassi una valutazione o pubblicassi una breve recensione.

Grazie,
Lin Song
Autore

www.ingramcontent.com/pod-product-compliance
Lightning Source LLC
Chambersburg PA
CBHW081817200326
41597CB00023B/4287